Petra van Laak AUF
EIGENEN
BEINEN

Petra van Laak

AUF EIGENEN BEINEN

Eine vierfache Mutter
startet in die
Selbständigkeit

DROEMER

Besuchen Sie uns im Internet:
www.droemer.de

© 2013 Droemer Paperback
Ein Unternehmen der Droemerschen Verlagsanstalt
Th. Knaur Nachf. GmbH & Co. KG, München
Alle Rechte vorbehalten. Das Werk darf – auch teilweise –
nur mit Genehmigung des Verlags wiedergegeben werden.
Redaktion: Antje Steinhäuser
Umschlaggestaltung: ZERO Werbeagentur, München
Umschlagfoto: Karoline Wolf
Satz: Adobe InDesign im Verlag
Druck und Bindung: CPI – Clausen & Bosse, Leck
Printed in Germany
ISBN 978-3-426-22635-3

5 4 3 2 1

Für Mechthild

Kapitelfolge

Bist du wahnsinnig geworden?
>   Oder warum ich mit 0 Euro
>   eine Existenz gründete 11

Wie machen Sie das bloß?
>   Oder wie wichtig es ist,
>   ein Team im Rücken zu haben 15

Da müssen Sie sich erst mal arbeitslos melden.
>   Oder warum es manchmal besser ist,
>   einfach loszulegen 20

Das kann ich doch auch alleine.
>   Oder wie Ihnen Experten
>   auf die Sprünge helfen 31

Wie komme ich denn jetzt an Aufträge?
>   Oder warum man seinen ersten
>   Kunden nie vergisst 43

Kenn ich Sie?
Oder warum das Netzwerken
so wichtig ist 60

Da geht doch alles drunter und drüber!
Oder warum die Kombination
von Humor und Gelassenheit
unschlagbar ist 76

Überraschen Sie mich, Frau van Laak!
Oder wie ich lernte, mich gegen
überzogene Kundenerwartungen
zur Wehr zu setzen 85

Sie sind unsere Rettung!
Oder wie sich erste Erfolge anfühlen 112

Dafür wollen Sie auch noch Geld haben?
Oder warum es sich lohnt,
gegen Ungerechtigkeit zu kämpfen 125

Was macht denn das für einen Eindruck?
Oder warum Äußerlichkeiten wichtig,
aber nicht alles sind 139

Aufgeben gilt nicht, Frau van Laak!
Oder warum Sie unbedingt jemanden
brauchen, der an Sie glaubt 148

Einfach nichts sagen?
Oder warum die schlichte Wahrheit
meist die beste Lösung ist 156

Das nennen Sie Wachstum?
Oder warum es klüger ist, seinen ganz
eigenen Erfolgsbegriff zu finden 168

Was wollen Sie denn in Zürich?
Oder warum Sie immer neugierig
bleiben sollten 178

Du warst den ganzen Sommer über im Büro, Mama.
Oder warum es falsch ist,
keine Pause zu machen 203

Was für ein Award?
Oder warum es gut ist,
an Wettbewerben teilzunehmen 225

Wieso, *Sie* sind doch der Profi!
Oder warum es manchmal besser ist,
ein Projekt abzubrechen 237

Was machst du eigentlich genau?
Oder was Kinder vom Business
wissen sollten 256

Toleranz – ich kann's.
Oder das Geheimnis, zu leben
und leben zu lassen 263

Was ist schon sicher?
Oder wie es sich mit dem Risiko
leben lässt 272

Willst du das Schreibbüro in zehn Jahren
immer noch führen?
Oder warum Veränderung
so viel Spaß macht 279

Bist du wahnsinnig geworden?

Oder warum ich mit 0 Euro
eine Existenz gründete.

S ag mir, dass ich es schaffe.«
»Okay. Du schaffst es.«
»Echt?«
»Nein.«

Da saß ich nun. Mir gegenüber hockte Bertolt, ein alter Bekannter aus Studentenzeiten, in seinem orthopädisch optimierten Schreibtischsessel. Seine Sekretärin hatte er gebeten, eine halbe Stunde lang keine Gespräche zu ihm durchzustellen, er habe eine wichtige Unterredung. Und zwar mit mir, der Studienfreundin, die er von einem idiotischen Vorhaben abbringen müsse.

»Vorsichtig gesagt, du bringst nicht gerade die idealen Voraussetzungen mit«, beeilte sich Bertolt, sein kategorisches »Nein« abzumildern.

Ich glaube, er hatte Angst, ich könne in Tränen ausbrechen. Dabei weckte sein Urteil über meine geplante Selbständigkeit keine Verzweiflung in mir, sondern eher so etwas wie Widerstandsgeist.

»Mensch, überleg doch mal. Vier Kinder, alle noch in der Schule. Alleinerziehend. Keine Kohle. Fünf Jahre aus dem Beruf raus. Du kennst niemanden aus dem Business.«

»Sieben. Es waren sieben Jahre, Bertolt.«

»Na toll. Denk an das Risiko. Auftragsflauten. Kaum Freizeit. Urlaub kannst du knicken. Was ist, wenn ein Kind krank wird? Oder alle kriegen die Masern? Wie willst du das denn machen? Bist du wahnsinnig geworden?«

»Masern hatten sie alle schon. Windpocken auch. Und wenn mich das, was ich in den letzten drei Jahren erlebt habe, nicht hat wahnsinnig werden lassen, dann brauche ich jetzt auch nichts mehr zu fürchten.«

Mein Entschluss vor einigen Jahren, mich als vierfache, alleinerziehende Mutter ohne Kapital selbständig zu machen, kam nicht ganz freiwillig. Unzählige Versuche, einen Job zu finden, der uns fünf durchbringen würde, waren fulminant gescheitert. Mit den kleinen Nebenjobs, die ich ergatterte, kam ich finanziell ohne ergänzende Sozialleistungen nicht aus. Die Aussicht auf ein von den Behörden bestimmtes Bittsteller-Dasein war mir (und den Kindern) ein Graus.

»Dein Gründungswillen in Ehren, aber du hast sie doch nicht mehr alle«, kommentierte Bertolt. »Noch mehr Unsicherheiten in deinem Leben? Wir leben in einer Eigentumswohnung, das hilft uns, wenn meine Agentur mal nicht genug abwirft. Sabine kümmert sich um Mareile und Tim, ich hab den Rücken frei. Du bist viel besser als Angestellte aufgehoben. Bewirb dich weiter!«

In der Gründung eines eigenen Unternehmens sah ich nicht so sehr Risiken, wie Bertolt es tat, sondern vor allem Chancen: mehr Unabhängigkeit, mehr Flexibilität, mehr Familienkompatibilität, mehr Talententfaltung – und auf lange Sicht vielfältigere Möglichkeiten, mehr Geld zu verdienen. Sicher, ich musste mich auch mit den klassischen Vorurteilen gegenüber der Selbständigkeit auseinandersetzen. »Selbst und ständig« heißt es so schön. Wer sagte mir, dass es bei mir genauso sein musste?

Als jemand, der den Spagat zwischen Beruf und Familie in den Griff bekommen wollte, fand ich die Szenen aus den abhängigen Beschäftigungsverhältnissen im Gegensatz zum Szenario der Selbständigkeit viel schlimmer.

Der Chef einer großen Kanzlei hatte zu meiner Freundin, einer jungen Anwältin und Mutter eines 13 Monate alten Kindes, gesagt:

»Warum gehen Sie schon? Es ist erst 18 Uhr.«

»Ich bin seit 8 Uhr hier und eigentlich nur halbe Tage beschäftigt.«

»Der Tag hat 24 Stunden, und die Hälfte sind zwölf Stunden.«

Es hatte ein auslösendes Moment für meinen Entschluss, mich selbständig zu machen, gegeben. Ich hetzte wieder einmal von einem schlecht bezahlten, kleinen Job zu spät nach Hause, es war ein dunkler und nebliger Winterabend. Die Kinder hatten ihren Wohnungsschlüssel nicht dabei, und als ich auf den Hof des Mietshauses kam, bot sich mir ein seltsames Bild: An unserem wackeligen Gartentisch saßen die beiden Großen, Jonas und Frieda, in ihren dicken Jacken und Handschuhen und machten Hausaufgaben. Ihre beiden jüngeren Geschwister Till und Millie standen etwas abseits in der Nähe der Haustür und sprangen abwechselnd hoch. Sie sorgten dafür, dass der Bewegungsmelder für das Licht an der Hauswand immer wieder ansprang, damit die Großen genug Beleuchtung hatten, um zu sehen, was sie da mit klammen Fingern in ihre Schulhefte schrieben.

Ich wusste nicht, welches Gefühl bei mir überwog: das Schuldgefühl (Rabenmutter!) oder der Stolz (Die wissen sich gut zu helfen!). Aber eines wusste ich ganz sicher: Die Kinder hätten seit einer Stunde ins Warme an unseren großen Küchentisch gehört, mit einer Mutter, auf deren zeitliche Absprachen sie sich hätten verlassen können. Ich hatte die Hetze satt. Ich hatte genug von den fremdbestimmten Tagesabläufen. Von den Abhängigkeiten von Arbeitgebern und Ämtern. Ich wollte selbst für meinen beruflichen Erfolg sorgen, mit einem Höchstmaß an Autonomie – und in jenem Moment, auf diesem dunklen, winterlichen Hof, mit Blick auf die vier frierenden (aber dennoch vergnügten) Kinder war der erste und schwierigste Schritt in die Selbständigkeit, nämlich der mentale, endlich getan.

»Ruf mich an, wenn du nicht mehr weiterweißt«, gab mir Bertolt noch mit auf den Weg, als die dreißig Minuten Gesprächszeit um waren. »Wenn ich dich schon nicht von deinem Vorhaben abbringen kann.«

»Niemand hält mich jetzt mehr auf!«

Und dann rief ich ihm noch keck über die Schulter hinweg zu: »Ich werd's euch allen zeigen!«

Schon aus Prinzip rief ich Bertolt nicht wieder an. Dafür meldete er sich dann bei mir, um zum fünfjährigen Bestehen meiner Agentur zu gratulieren.

Wie machen Sie das bloß?

Oder wie wichtig es ist,
ein Team im Rücken zu haben.

Es gab vier Personen, die von Anfang an an den Erfolg dieses Unterfangens glaubten: Jonas, Frieda, Till und Millie, zu dem Zeitpunkt zwischen acht und vierzehn Jahre alt. Denn sie hatten am eigenen Leibe erfahren – wenn auch nicht immer ganz bewusst wahrgenommen –, wie sehr wir immer wieder in einer Sackgasse steckten.

Wenn Sie selbst mit dem Gedanken ans Sich-selbständig-Machen spielen sollten, werden Sie immer wieder Bedenkenträgern begegnen, die Ihnen von einer Gründung abraten. Lassen Sie sich nicht ins Bockshorn jagen. Statt sich darüber den Kopf zu zerbrechen, was alles *nicht* klappen könnte, machen Sie sich lieber Gedanken darüber, was alles *klappen* könnte. Achten Sie mehr auf Ihre Stärken als auf Ihre Schwächen. Menschen mit dem Mut zur Veränderung führen ein interessanteres Leben (allerdings auch ein anstrengenderes). Wenn Sie für eine Sache wahrhaftig brennen, dann machen Sie es. Der Rest ist gute Organisation und Expertise, die Sie sich in Form von Beratern mit ins

Boot holen können. Machen Sie etwas, das Sie gut können, ganz egal, ob es das schon zigfach gibt. Nicht die Frage, ob das jemand braucht, ist interessant, sondern die Frage, was das Einzigartige daran ist, wenn *Sie* es machen.

Ich wusste, ich kann gut texten. Das können viele. Es ging darum, mein Alleinstellungsmerkmal, auch USP (Unique Selling Proposition) genannt, aufzudecken, das mich von den vielen anderen Textern und Lektoren am Markt unterscheiden würde. Manchmal zeigt sich ein solches Merkmal erst im Laufe der Arbeit. Bei mir waren es Einfühlungsvermögen und Anpassungsfähigkeit. Ich erspürte sehr schnell, was mein Gegenüber brauchte, und war in der Lage, mich dann blitzschnell darauf einstellen, auch inhaltlich. Ganz egal, ob es sich um einen Werbetext für eine neue Eissorte oder das Grundsatzpapier eines Ministeriums handelte.

Für mich war der Schritt ins Dasein als Selbständige gar nicht so groß wie anfangs befürchtet. Das Wesentliche, worauf es bei der Unternehmerpersönlichkeit ankommt, war ja bereits angelegt. In den vergangenen Jahren hatte ich Stehvermögen bewiesen, Einfallsreichtum und Führungsqualitäten, wenn es darum ging, ein Team von vier lebendigen Kindern zu steuern.

»Gute Texte werden immer gebraucht«, sagte ich im Familienrat zu meinen Kindern.

Wir diskutierten gemeinsam am Küchentisch die Konsequenzen meiner beruflichen Neuorientierung. Der Familienrat war unser wertvolles, demokratisches Instrument, um wichtige Belange unseres familiären Mikrokosmos zu besprechen.

»Machst du dann so Sätze für Fernsehwerbung?«

»Werden wir reich?«

»Oder du dichtest für Haribo?«

»Nö, Mama schreibt so Broschüren für Firmen.«

»Nein, die erfindet kostbarliche Wörter.«

Während sich die Sprösslinge mit meinem zukünftigen Portfolio auseinandersetzten, beschäftigte mich die Frage, wie sehr ich die vier als starkes Team im Hintergrund benötigen würde, um die Selbständigkeit erfolgreich aufbauen zu können.

Ein bisschen war das wie bei den von Experten diskutierten Fallstudien aus dem Harvard Business Manager, die typische Probleme des Manageralltags aufgreifen. Auch hier in der Küche ging es jetzt darum, innerbetriebliche Kompetenzen zu erkennen – Jonas war Meister darin, mit geringstmöglichem Aufwand das Bestmögliche zu erreichen; er war der richtige Mann für die nun notwendige Prozessoptimierung in unserem Unternehmen Familie. Auch ein wichtiges Thema: Talenteförderung. Frieda hatte einen sehr genauen Blick dafür, wann und wo welche Aufgabe in der Familie anstand. Die ideale Besetzung für den Posten Projektleitung Haushalt. Mit entsprechendem Einzelcoaching und gezielten Weiterbildungsmaßnahmen hatte ich an dieser Stelle mein Personal bereits erfolgreich entwickelt. Noch ein Fokus, den man als Managerin nicht vernachlässigen darf: Topleute halten. Till wurde mit Boni unserem Betrieb langfristig erhalten. Sie bestanden aus besonders großen Fleischportionen. Budget-Verwaltung? Die Haushaltskasse legte ich in die Hände einer vertrauenswürdigen Prokuristin, die die Grundrechenarten hervorragend beherrschte. Millie sollte später gegen Kinokarten auch noch meine vorbereitende Buchhaltung für das Büro übernehmen.

Nicht zu vergessen: kurzfristige Team-Erfolge schaffen. Im Sommer hieß das: Eis spendieren, im Winter: Waffeln backen.

Wie machen Sie das bloß?! Die Koordinaten Mutter, vier Kinder, alleinerziehend und selbständig rufen bei anderen immer wieder Erstaunen, Kopfschütteln, Respekt, aber auch Verwirrtheit, manchmal auch schreckhaftes Zurückweichen hervor. Natürlich ist das eine große Herausforderung, zwei Unternehmen auf einmal zu führen: Firma Familie und Firma Textagentur van Laak. Aber es ist keine Zauberei. Am Ende dieses Buches werden Sie wissen, dass auch ich nur mit Wasser koche. Allerdings müssen die Zutaten stimmen.

Dies ist kein Businessplan-Ratgeber, keine Existenzgründer-Fibel. Es ist eine Geschichte, die von den Widrigkeiten erzählt, wie sie vielen im Alltag begegnen. Es ist auch die Geschichte davon, wie ich lernte, diese als gegeben zu akzeptieren und das Beste draus zu machen. Meine Situation ist typisch für viele andere, die sich in der Lebensmitte befinden: Es kommt zu einem Bruch im Leben, vielleicht gab es schon die innerliche Kündigung im Job, eine Trennung oder einen Umzug in eine andere Stadt, oft ist wenig Geld da, es kommt zu einer beruflichen Neuorientierung.

Dieses Buch beschreibt einen – meinen – Weg in die Selbständigkeit. Dass kein Geld für Investitionen vorhanden war und ich nebenbei eine Menge anderer Dinge stemmen musste, habe ich mit vielen anderen Existenzgründern gemein. Sie werden ihre eigene Situation an der ein oder anderen Stelle womöglich wiedererkennen und auflachen (oder seufzen). Und wenn diejenigen, die mit dem Gedanken spielen »Sollte ich nicht vielleicht …?«, auf einmal mehr Mut und Lust auf ein Leben als Unternehmer bekommen, dann freue ich mich sehr.

»So, Kinder, jeder weiß jetzt über seine Haushaltsaufgaben Bescheid. Jonas, du fährst morgen einkaufen. Till, du hast Kochdienst. Gibt es sonst noch etwas zu besprechen?«

»Mama, wir finden, du sollst für Porsche texten.«

Schön, wenn insgesamt schon einmal vier Leute an einen glauben, dachte ich. Und fügte laut hinzu: »Wir fangen mit kleinen Brötchen an, die Torten kommen später!«

Da müssen Sie sich erst mal arbeitslos melden.

Oder warum es manchmal besser ist, einfach loszulegen.

I st die Entscheidung endlich gefallen, kann es nicht schnell genug gehen.

Zwei Stufen auf einmal nahm ich hinauf in die vierte Etage des Business Centers. Überall Glas und Stahl, dazwischen Sichtbeton, in die zugigen Flure waren Barcelona Chairs und entsprechende Sofas gestellt, als ob der unternehmerische Erfolg sämtlicher Mieter des Businessgebäudes von pseudo-avantgardistischer Architektur und der Möblierung durch Design-Klassiker abhinge.

Zimmer 405, Existenzgründer-Service, einmal laut geklopft, und hinein preschte ich, atemlos und voller Vorfreude auf mein großartiges Projekt, das mich seit vielen Wochen ununterbrochen beschäftigte: die Gründung einer kleinen Agentur für gute Texte.

Im Raum bremste ich sofort ab, denn unmittelbar hinter der Tür quetschten sich drei Personen an überdimensionierte Schreibtische, auf denen sich Aktenordner und Papierstapel türmten. Auf einem Tisch sah man vor lauter gelben Klebezetteln die Schreibtischunterlage nicht mehr, auf dem nächsten lag eine Computertastatur, auf deren Buchstabentasten sich überall ein bräunlich-schwärzlicher Film um eine helle, fettig glänzende Mitte gebildet hatte. Über allem waberte der Geruch von Filterkaffee, der seit Stunden auf der lauwarmen Heizplatte einer orangefarbenen Kaffeemaschine tapfer vor sich hin reduziert wurde.

Von den drei Mitarbeitern, zwei Frauen, ein Mann, schaute nur der Mann auf. Er saß rechts von mir und war ungefähr in meinem Alter, schwarzer Lockenkopf, etwas zu ernste Augen. Er trug ein ausgewaschenes, dunkelblaues T-Shirt und eine Hose aus feingeripptem Kord, die Füße steckten in schwarzen Lederschuhen, die vorne zehenschonend gerundet waren.

Ich stellte mich kurz vor, schaute dabei alle drei abwechselnd an, denn noch wusste ich nicht, bei welcher der drei Personen ich den Termin hatte, der mir per Telefon vier Wochen zuvor zugewiesen worden war. Die Frau links von mir hob kurz den Kopf, um sich dann wieder in ihre Unterlagen zu vertiefen. Der Lockenkopf seufzte.

»Da ist Frau Yildiz für zuständig. Aber die ist krank.«

Es folgte keine weitere Erläuterung. Ich wartete noch ein bisschen in das träge Schweigen der drei Menschen hinein. Die Pause schien ungewohnt lange, denn nun hoben beide Frauen gleichzeitig den Kopf, mit neugierigem Gesichtsausdruck.

»Ähm, ja, Frau Yildiz ist seit drei Tagen krank. Wann sie wiederkommt, wissen wir leider auch nicht«, ließ der Lockenkopf verlauten.

Meinen Namen hatte ich genannt und mein Anliegen vorgetragen, nämlich den Termin zur Erstberatung für

Existenzgründer wahrnehmen zu wollen. Weder hatten die drei Mitarbeiter sich vorgestellt, noch gaben sie mir anständig Auskunft. Mein Elan fiel von Sekunde zu Sekunde mehr in sich zusammen. War das hier eine Beratungseinheit für Existenzgründer oder der Club der stillen Trinker schlechten Kaffees?

»Frau Yildiz geht also nicht. Wer von Ihnen könnte mich denn beraten?«, versuchte ich es.

Der Lockenkopf wand sich, während die beiden Frauen sehr schnell ihre Köpfe senkten und wieder mit ihren Papieren raschelten.

»Nee, das geht nicht, darauf sind wir jetzt nicht vorbereitet. Da müssen Sie nochmals wiederkommen, wenn Frau Yildiz wieder gesund ist.«

Die hellen Blätter der Grünlilien auf dem Fensterbrett zitterten leicht, als draußen ein Lkw vorbeidröhnte. Die eine Frau schloss das Fenster und quetschte sich dann an mir vorbei nach draußen auf den Flur, wo das Klack-Klack ihrer Absätze noch eine ganze Weile zu hören war. Die andere starrte gebannt auf ein Papier und machte sich Notizen am Rand, so dass die Message eindeutig war: nicht ansprechen.

»Das stört mich nicht, wenn Sie nicht vorbereitet sind. Ich habe nur ein paar Fragen«, wandte ich mich wieder dem Mann zu. »Ich störe auch nicht lange.«

Der Lockenkopf atmete tief ein und aus.

»Na gut, lassen Sie mal hören.«

Seine Kollegin am Schreibtisch gegenüber schaute kurz hoch – sie schien seine Reaktion erwartet zu haben. Sie verkniff sich ein Lächeln und senkte wieder den Kopf.

Herr Einenkel (seinen Namen erfuhr ich erst zum Schluss, als ich um seine Visitenkarte bat) hörte sich meine Fragen mit verschränkten Armen an. Mir ging es nur darum herauszubekommen, wie ich an finanzielle Mittel kommen konnte, ohne ein Darlehen aufnehmen zu müssen. Meine Gründungsidee verlangte keine großen Investitionen, jedoch wollte ich möglichst einen Mikrokredit, wie ihn zum Beispiel die Förderbank KfW anbietet, umgehen. Das Wort »Schulden« hatte in den letzten Jahren eine unschöne Präsenz in meinem Leben gehabt – nein, ich konnte das Gefühl, etwas zu schulden, nicht länger ertragen. Und ich hatte zu wenig Zeit. Ich wollte starten, und es musste auf Anhieb klappen. Die Person eines Gründers stellen wir uns ja gerne als jungdynamischen Kämpfer ohne andere Verpflichtungen vor – ich aber war 41 Jahre alt und hatte vier Kinder zu ernähren.

Ich hatte von einem Modell gehört, Gründerzuschuss oder so ähnlich, und ich dachte mir, dass dies passen könnte.

»Da müssen Sie sich erst mal arbeitslos melden.«

»Wie, arbeitslos?«

»Sie profitieren vom Gründungszuschuss nur, wenn der Ihnen aus der Arbeitslosigkeit in die Selbständigkeit hilft.«

»Aber ich bin doch gar nicht arbeitslos, ich meine, ich komme doch gerade so klar und will jetzt einfach loslegen und noch besser klarkommen.«

»Geht nur, wenn Sie arbeitslos sind.«

In meinem Kopf ratterten die Gedanken rauf und runter. Herr Einenkel schaute auf die Fingernägel seiner linken Hand und strich sich über den Handrücken. Er hatte offensichtlich alles gesagt und wartete auf meinen Abgang.

»Also wenn ich jetzt hin und wieder Übersetzungen mache und andere Jobs, dann reicht das nicht, um fünf Leute durchzubringen«, fing ich wieder an. Herr Einenkel schaute sich inzwischen seine rechte Hand an.

»Das Ganze soll endlich auf eine richtige Basis gestellt werden. Ich möchte eine Textagentur aufmachen. Das ist doch was Gutes, das ist doch förderungswürdig, oder?«

»Melden Sie sich arbeitslos, dann kommen Sie wieder. Dann ist auch Frau Yildiz wieder da und kann sich um Ihren Fall kümmern. Ich hab jetzt Mittagspause.«

Hilfesuchend blickte ich zum anderen Schreibtisch. Einenkels Kollegin hielt kurz mit dem Lesen inne.

»Ja, richtig, arbeitslos melden.«

Und sie las weiter. Ich sagte beiden Auf Wiedersehen und ärgerte mich, dass meine Verabschiedung dafür, dass man mich dermaßen hatte auflaufen lassen, viel zu freundlich geklungen hatte.

Ich stapfte den zugigen Flur entlang. Die hatten doch tatsächlich meinen Gründungsenthusiasmus abgewürgt. Aber nur für einige Stunden.

Von einer systematischen Gründung in einzelnen, durchdachten Schritten war ich ziemlich weit entfernt. Das Konzept erarbeitete ich mir nebenbei im Laufschritt. Rückblickend waren es meine Entschlossenheit und meine unbändige Energie, die das Projekt trotz der anfänglich fehlenden Struktur vorangebracht haben.

Allein schon meiner jüngsten Vergangenheit wegen kam der Weg über die Arbeitslosigkeit für mich nicht in die Tüte. Dabei wäre es natürlich das Einfachste gewesen, wenn ich mich formal arbeitslos gemeldet hätte und dann auf der Schiene Gründungszuschuss gefahren wäre. In den Jahren davor hatte ich jedoch Ämter satt gesehen – wenn ich auch nur das erste Formular hätte ausfüllen müssen, hätte mich das in eine regelrechte Depression gestürzt. Amt für Wohnraumsicherung, Sozialamt, Wohngeldstelle, Jugendamt – ich kannte sie alle. Und wollte nichts mehr damit zu tun haben. Sosehr mir staatliche Hilfe auf die Beine geholfen hatte, sosehr hatte mich das alles in eine Abhängigkeit gebracht, aus der heraus ich auf keinen grünen Zweig mehr zu kommen schien. Jetzt hatte ich endlich ein vernünftiges Ziel vor Augen, den Aufbau eines Redaktionsbüros, und das wollte ich partout autonom verfolgen.

Bevor ich mich zur Gründung einer eigenen Unternehmung entschloss, hatte ich mir auch Gedanken über Franchisekonzepte gemacht. Beim Besuch der deGUT (Deutsche Gründer- und Unternehmertage) informierte ich mich an dem Stand des Deutschen Franchiseverbands. Hier wurden mir in einer kurzen, kompetenten Beratung mögliche Franchisegeber genannt. Es waren die meist hohen Investitionskosten, die mich davon abhielten, diese Linie weiterzuverfolgen. Als Franchisenehmer ist man zudem weisungsgebunden gegenüber dem Franchisegeber. Eigenhändig Marketing-Entscheidungen treffen? Ein No-Go. Ein eigenes Kundenbindungskonzept entwickeln? Nein, das muss nach den Vorgaben des Franchisegebers laufen. Wo wenig Kapital nötig war, um in ein Franchisesystem einzusteigen, gab es oft einen anderen Haken. Zu mir hätte durchaus auch ein Nachhilfeinstitut gepasst, bis auf die Arbeitszeiten. Genau dann, wenn ich verstärkt für meine Kinder da sein wollte, nämlich nachmittags ab 17 Uhr, wäre ich im Institut gefordert gewesen. Außerdem hatte ich weiß Gott in meinem Leben schon genug mit Kindern und Schule zu tun, und jetzt noch auf der Arbeit? Nein, ich wollte raus, etwas Bunteres, anderes, Neues, raus in die Unternehmerwelt.

Spannend fand ich auch das Angebot eines Münchner Relocation-Unternehmens, als Franchisenehmer eine Filiale in Berlin aufzubauen. Ein klassischer Relocation-Dienstleister kümmert sich für Zugezogene aus dem Ausland um den Umzug und um die Verankerung am neuen Wohnort. Ein richtig guter Service stattet die Zuziehenden zum Beispiel bereits bei der Ankunft auf dem Flughafen mit Sim-Karten für das deutsche Mobilfunknetz aus, stellt den Kontakt zu Schulen, Kindergärten, Kirchengemeinden her, kümmert sich um einen Babysitter, legt eine Liste mit Einkaufsmöglichkeiten für koschere Nahrungsmittel an und so weiter. Das Allerwichtigste aber: Der Service muss rund um die Uhr erreichbar sein, ähnlich einer Hebamme, nur dass hier keinem Kind, sondern einem neuen Stadtbewohner auf die Welt geholfen wird. Diesen Service der ständigen Erreichbarkeit hätte ich als Alleinerziehende mit vier Kindern nicht bieten können, ohne mich völlig auszupowern oder die Kinder häufig sich selbst überlassen zu müssen.

Gründermessen bieten Selbständigen und solchen, die es werden wollen, eine gute Orientierung, um mehr über Branchen, Business und Finanzierungen herauszufinden. Es ist aber auch schon ein Fortschritt, wenn man die Messe verlässt und nun genau weiß, was man *nicht* will.

Meine nächste Anlaufstelle sollte die Wirtschaftsförderung sein. Ich hatte auf einer kleinen Tagung für Existenzgründer eher nebenbei etwas über diese Einrichtung aufgeschnappt und erhoffte mir dort eine fundierte Auskunft, was mein Unterfangen betraf. Das war im Prinzip richtig gedacht. Genau an dem Tag jedoch, an dem ich unangemeldet im Rathaus aufschlug, war die höchst professionelle und engagierte zuständige Sachbearbeiterin (ich lernte sie ein halbes Jahr später bei einer Netzwerkveranstaltung durch Zufall kennen) nicht im Hause. Ich wurde vom Sekretariat auf einen Kollegen verwiesen, der den Gang hinunter ein paar Zimmer weiter saß.

»Gehen Sie zu Herrn Wittstock, der war mal bei so einer Beratung dabei, der kann Ihnen bestimmt helfen.«

Herr Wittstock war ein netter älterer Herr in selbstgestricktem Pullunder. Er saß in einem kleinen, dunklen Büro und freute sich riesig über die Abwechslung. Ich trug (mit einer gewissen Naivität) mein Anliegen vor.

»Ich bin alleinerziehend mit vier Kindern. Ich habe mich eine Zeitlang nach dem Zusammenbruch meiner damaligen wirtschaftlichen Existenz und nach dem Scheitern meiner Ehe mit Gelegenheitsjobs, Sozialhilfe und Freelancer-Tätigkeiten über Wasser gehalten. Nun möchte ich alles auf professionelle Beine stellen und ein Redaktionsbüro eröffnen. Was gibt es für Fördermöglichkeiten?«

Herr Wittstock dachte lange nach. Dabei war meine Frage doch so simpel gewesen, fand ich. Ich half nach: »Ich meine, so eine Frau, allein mit vier Kindern, will sich selbständig machen, da gibt es vielleicht ein Frauenförderprogramm oder so?«

Herr Wittstock nahm eine dicke Broschüre aus dem Regal. Lesebrille auf und bedächtiges Blättern. Ich schaute mir die Wände und die Decken des Büros an. In den Ecken war alles grau von Staub und jahrelangen Renovierungspausen.

»Das sieht nicht gut aus«, sagte Herr Wittstock und schüttelte den Kopf. »Für so was wie Sie gibt es keine Förderprogramme.«

Er zog entschuldigend die Schultern hoch und ließ sie wieder sinken. Und ich dachte: Das gibt's doch nicht, dass es nichts gibt.

Natürlich gab und gibt es etwas. Dennoch ist es nicht immer leicht, das Passende zu finden. Mittlerweile geben fast alle Städte eigene Ratgeber zur Existenzgründung heraus, in denen die möglichen Anlaufstellen aufgeführt sind. Manchmal muss ich schmunzeln, wenn ich in solchen Broschüren blättere. Denn auch aus heutiger Sicht gibt es sehr wenige Programme, in die ich damals gepasst hätte. Für mich tat sich etwas später eine sehr hilfreiche Nische aus dem Bereich des Kulturconsultings auf.

Nach meinem Gespräch mit Herrn Wittstock, das uns alle beide ratlos zurückgelassen hatte, schrieb ich alles auf, was ich brauchte, um mit meinem Business loslegen zu können. Die Liste umfasste einen Laptop (hatte ich schon gekauft und in kleinen Raten bezahlt), ein Faxgerät (vom Sperrmüll), Büromaterial (peanuts), eine Website (konnte teuer werden), eine Geschäftsausstattung (hm). Mehr stand da nicht. Alles in allem bewegte ich mich in einem Investitionsbereich, den ich auch alleine in kleinen Schritten stemmen konnte. Ich musste ja keine Waren einkaufen, keine Leute einstellen, kein Büro anmieten. Dies war der Zeitpunkt, da ich mich von dem Vorhaben, mit irgendwelchen Zuschüssen zu gründen, verabschiedete. Richtig gemacht. Es hatte außerdem den angenehmen Nebeneffekt, keinen Businessplan schreiben zu müssen. Jedenfalls vorerst nicht.

Einige Tage später ging das Telefon.

»Guten Tag, Yildiz hier«, meldete sich eine Frauenstimme. »Sie waren bei uns im Büro gewesen, ich war leider krank.«

»Nicht schlimm, ich habe mich jetzt sowieso für einen anderen Weg entschieden.«

»Ja, nein, ich wollte Sie nur auf etwas aufmerksam machen.«

»Schon kapiert, ich soll mich arbeitslos melden.«

»Nein, ja, wie Sie wollen, ich meinte aber etwas anderes.«

Ich horchte noch einmal auf.

»Mit Ihrer Geschäftsidee passen Sie auch in den Bereich Gründungen in der Kreativwirtschaft. Da gibt es eine kleine Einrichtung, die Künstler und andere Kreative berät. Dort können Sie an einem Coaching-Programm teilnehmen, das mit Mitteln aus dem Europäischen Sozialfonds gefördert wird. Sie zahlen pro Beratung bei einem Coach Ihrer Wahl nur sieben Euro zu pro Termin. Ich kann Ihnen das wirklich sehr ans Herz legen.«

Das klang zwar verlockend, aber wollte ich mich denn überhaupt coachen lassen? Ich bedankte mich bei Frau Yildiz, notierte mir ihre Empfehlung und wandte mich wieder (wie ich meinte) wichtigeren Dingen zu.

Wenn ich sage, dass in meinem Kopf ein großes Durcheinander herrschte, ist das noch untertrieben. Ich hatte lauter Einfälle, aber kein echtes Konzept. Wenn ich zurückschaue, habe ich dennoch fast alles richtig gemacht. Heute berate ich Unternehmen zu ihrem Außenauftritt, zu diversen Kommunikationskanälen – wie schade, dass ich mich selbst damals nicht so intensiv habe beraten lassen. Mir fehlte wohl der Abstand. Und das musste ich durch unermüdlichen Fleiß wieder wettmachen.

»Kunden in der Küche. Im Hintergrund Kinderstimmen bei Telefonaten. Eine Visitenkarte von Havestaprint. Eine Webpräsenz mit einem Baustellenschild.«

Viel schneller ging es für mich, zunächst zu definieren, was ich *nicht* wollte. Ich schrieb alles in meine Kladde, auf deren Deckel ich schwungvoll »Gründung« geschrieben hatte. In diesem solide gebundenen Blindband sammelte ich alles, was mir zur Existenzgründung in den Sinn kam – eine gute Idee. Es gab nicht einen einzigen Zettel, der hätte verloren gehen können. Auch heute mache ich es so: Bei großen Projekten kommt alles in einen eigens dafür eingerichteten, schönen Blindband. Schön muss er sein, denn das Auge arbeitet mit. Diese Methode mit den Kladden ist auch deshalb zweckmäßig, weil sich am Ende jedes Projektes leicht ein Resümee ziehen lässt. Wie ist das Projekt gelaufen, welche einzelnen Entwicklungsschritte gab es? (Man nennt es auch Evaluation oder Qualitätsmanagement.) Und falls es einmal mit einem Kunden böse werden sollte, dienen die im Band (mit Datum und Ort!) festgehaltenen Aufzeichnungen zur Beweisführung und/oder Argumentation in einer kniffligen Situation.

Jedoch: Ich briet im eigenen Saft. Niemand, der mich spiegelte, der meine Überlegungen hinterfragte, oder den ich schlicht um Rat fragen konnte. Wie gut, dass ich irgendwann wieder in meinen Notizen auf Frau Yildiz' Empfehlung stieß.

Das kann ich doch auch alleine.

Oder wie Ihnen Experten auf die Sprünge helfen.

Wenn man sich am eigenen Schopf wieder aus dem Sumpf zieht, darf man sich zu Recht als starke Frau bezeichnen. Noch dazu, weil die vier Kinder und ich das nahezu unbeschadet überstanden hatten.

Ich meldete mich bei der von Frau Yildiz empfohlenen Beratungseinrichtung zu einem Erstgespräch an. Als ich meinen Fuß in den Pavillon des kleinen Büros setzte, tat ich dies mit dem festen Vorsatz, mir nicht reinreden zu lassen.

Was ich bisher gewuppt hatte, sollte mir dieser Coach erst einmal nachmachen! Ich war in jedem Fall die Toughere von beiden, das stand für mich fest.

Mr. Coach war ein hagerer Typ mit einer leicht antiquiert aussehenden Norbert-Blüm-Brille. Aufmerksamer Blick, fester Händedruck, ein humorvoller Zug um den Mund. Und es ging gleich zur Sache.

»Nienhagen. Wir werden miteinander arbeiten. Am besten, Sie erzählen mir von Ihrem Vorhaben.«

»Gleich. Erst wüsste ich gerne mehr von Ihnen. Was ist denn Ihre genaue Funktion hier, Ihre Ausbildung, Ihr Werdegang?« Herr Nienhagen schien etwas verblüfft zu sein. Aber ich wollte schließlich wissen, mit wem ich es zu tun hatte. Allein schon deshalb, weil ich mein Vorurteil bestätigt bekommen wollte (ich die Toughere von beiden). Und Herr Nienhagen erzählte in knappen Sätzen aus seiner Vita, die mindestens so bewegt war wie meine, mit dem Unterschied, dass er schon ein paar Jahre länger auf der Welt war und dadurch noch mehr erlebt hatte als ich. Man konnte ihn zu Recht als starken Mann bezeichnen.

»Und jetzt konzentriere ich mich auf Gründungen in der Kulturwirtschaft«, endete Herr Nienhagen. »Keine leichte Sache, denn die Gründungswilligen sind zwar kreativ, kommen aber BWL-mäßig oft aus dem Mustopf.«

Mein Vorsatz, die Toughere von beiden zu sein, war dahingeschmolzen, stattdessen spürte ich sehr deutlich, wie sehr der Mustopf an meinem Hintern klebte.

Mit Herrn Nienhagen verbrachte ich sieben Beratungseinheiten zu je sieben Euro. Jedes Mal lernte und lachte ich viel. Ich bin wahrhaftig kein Zahlenmensch (schließlich bin ich Texterin), aber mein Coach verhalf mir zu einem Grundverständnis für die betriebswirtschaftlichen Abläufe. Er zwang mich mit sanfter Gewalt dazu, einen Businessplan zu schreiben, und zwar nur um der Erkenntnisse willen, die ich dabei für mich gewinnen würde. Wir erörterten, wie sich eine Zusammenarbeit mit anderen Freelancern gestalten ließe, welche Rechtsform zu mir passte und um welche Dienstleistung man nicht herumkommt als Gründer, nämlich um die Juristen und die Steuerberater.

Ein Steuerberater musste her! Die Vorstellung, die Umsatzsteuer-Voranmeldung alleine machen zu müssen, die

Einnahmen-Überschuss-Rechnung am Ende des Geschäftsjahres eigenhändig aufzustellen, die Einkommenssteuer-Vorauszahlungen zu prognostizieren – das war mir ein Graus. Für mich stand fest: Ohne einen Steuerberater geht es nicht.

Ein Bekannter, der ein großes Dentallabor führte, empfahl mir einen Steuerberater im Zentrum Berlins. Die Kanzlei Kerbel & Claasen war riesig und edel eingerichtet. Ich fühlte mich mit meinem Mikrobusiness fehl am Platze, war aber auch gespannt darauf, wie die Menschen hier mit der Größenordnung meiner Unternehmung umgehen würden. Die Sekretärin hatte einen Termin zur Erstberatung mit einem der beiden Partner der Kanzlei vereinbart. Nun saß ich Frau Claasen gegenüber, einer freundlichen älteren Dame, die mir sehr anschaulich erklärte, welche Dienstleistungen die Kanzlei anbot und in welcher Form die Mitarbeit des Mandanten erforderlich sei. Sie händigte mir eine perfekt gemachte Imagebroschüre der Kanzlei aus, in einer Lasche steckte eine CD.

»Das ist für Sie, damit können Sie gleich arbeiten. Sie finden für Sie voreingerichtet ein elektronisches Kassenbuch, digitale Formulare zur Fahrtkostenabrechnung, eine Liste zur Erfassung aller Ausgaben und Einnahmen. Sie können alle Daten bequem online an uns übermitteln und uns die entsprechenden Belege per Post zusenden. Auf Wunsch holt unser Fahrer bei Ihnen die Aktenordner ab. In jedem Quartal führen wir hier in der Kanzlei Mandantengespräche durch, um zu sehen, ob wir unter Umständen Anpassungen bei den Vorauszahlungen vornehmen müssen und um die Jahresabschlüsse genau planen zu können.«

Sie überreichte mir noch einige Broschüren und ihre Visitenkarte. Mit keinem Wort, keiner Geste, keinem Blick hatte Frau Claasen mich spüren lassen, dass hier ein Greenhorn vor ihr saß, das in den nächsten Jahren vermutlich nur hauchdünne Umsätze und damit keine nennenswerten Einnahmen für die Kanzlei generieren würde.

»Überlegen Sie es sich in Ruhe. Sie werden sicher noch eine andere Kanzlei besuchen. Rufen Sie mich an, wenn wir für Sie tätig werden dürfen. Wir würden uns freuen.«

Der zweite Steuerberater, den ich aufsuchte, hatte eine ansprechende Werbung in einem Online-Netzwerk geschaltet. Sein Büro befand sich in einem Neubaublock mitten in der Pampa. Gelbe Drainage-Rohre des Betonklotzes endeten im matschigen Nirgendwo, und kleinteiliger Baustellenmüll fegte über den Parkplatz. Auf der Suche nach der richtigen Klingel fand ich schließlich den Namen, jedoch ohne Zusatz von Büro oder Ähnlichem. Ich betrat eine Privatwohnung, in der ich im winzigen Flur über eine beachtliche Sammlung rahmengenähter Herrenschuhe in der gefühlten Größe von Elbkähnen stolperte. Der Herr bat mich in sein Arbeitszimmer, darin befanden sich ein Schreibtisch mit tiefschwarzer Tischplatte und ein Fitnessgerät mit ausladenden Aufbauten. Damit war der Raum voll.

»Na, dann erzählen Sie mal«, ermunterte er mich.

»Erzählen *Sie* doch erst einmal.«

»Gerne. Ich sage Ihnen, wie ich Steuerangelegenheiten für Sie steuern werde.«

Er hielt mir einen kleinen Vortrag, in dem sein Wortspiel noch zwei Mal vorkam. (Als Texterin bin ich da sehr empfindlich.) Mit ihm und mir in dem winzigen Raum war es so eng, dass ich das Gespräch nach einer Viertelstunde freundlich, aber bestimmt abbrach. Ich fühlte mich erdrückt und hatte keine Lust auf Baustelle, Herrenschuhe, Wortspiele und Folterbank.

Schließlich machte ich das, was Millionen täglich tun: Ich googelte nach dem Produkt bzw. der Dienstleistung, die ich benötigte. Und stieß auf ein Steuerbüro ganz in meiner Nähe. Telefonisch vereinbarte ich einen Termin mit Frau Sander, der Inhaberin des Büros. Frau Sander, von mir auf Mitte vierzig geschätzt, ganz in Ocker- und Brauntönen gekleidet, war eine Frau der Tat. In knappen Worten beschrieb sie ihre Arbeitsweise und ihre Auffassung vom Steuersystem (»Es ist ganz einfach: Steuern müssen gezahlt werden.«). Sie fragte meine Eckdaten ab, machte sich Notizen und gab mir aus dem Stegreif eine realistische Einschätzung meiner Gründungsphase.

»Schaffen Sie bloß nichts an. Kommen Sie mit so wenig wie möglich aus. Sparen Sie aber nicht an der Geschäftsausstattung. Im ersten Jahr werden Sie keine Steuern zahlen müssen. Welche Versicherungen haben Sie? Zeigen Sie mal, was wir absetzen können. Wie sieht es mit Altersvorsorge aus?«

Sie stand auf, um etwas in den dickbändigen Werken nachzuschlagen, die eine ganze Regalwand einnahmen.

»Mal sehen, wie wir es mit der Umsatzsteuer machen. Sie könnten unter die 7-Prozent-Regelung fallen. Moment, ich habe die Stelle gleich.«

Sie vertiefte sich in ein Buch mit winziger Typografie, für die ich eine Lupe benötigt hätte. Wie sie so dastand, akribisch den Gesetzestext absuchte, um mir eine relevante Beratung zukommen zu lassen, dabei ihr kastanienbraunes Haar zurückstrich, die Brille noch einmal zurechtrückte, da dachte ich: Das passt. Die lässt nicht locker, die ist Profi, die kümmert sich. Und dann war sie auch noch so nett anzuschauen. Vielleicht ein Fashion-Victim, dachte ich, aber einer mit Geschmack. Viel später begegnete ich Frau Sander einmal auf einer Lesung, die in einem der besonders schicken Modegeschäfte der Stadt stattfand. Nach der Veranstaltung verfielen einige Besucherinnen einem kleinen Kaufrausch, denn die patente Boutique-Besitzerin hatte die Lesung mit einer Modenschau kombiniert. Unter den sechs Frauen, die die Umkleidekabinen mit Klamotten und gefüllten Sektkelchen besetzten, war auch Frau Sander. Und ich.

Wir wurden ein Paar. Geschäftlich gesehen. Ich lernte, dass BWA betriebswirtschaftliche Auswertung bedeutet und nicht etwa die Abkürzung von Business Woman Award darstellt. Das Geheimnis der Umsatzsteuer und ihrer Vorauszahlungen wurde mir von Frau Sander schnell erklärt. Ich richtete ein eigenes Konto ein, auf das ich bei Erhalt von Honoraren den Durchlaufposten der Umsatzsteuer direkt überwies, um mich nicht dem trügerischen Bild hinzugeben, ich hätte brutto gleich netto verdient. (Diese fast schon einfältige Methode kann ich nur empfehlen. Ich wusste immer, was das Finanzamt monatlich oder quartalsweise von mir wollte.)

Nun wollte ich der Kanzlei Kerbel & Claasen Bescheid geben, dass ich mich für Frau Sander entschieden hatte.

»Einen Moment, Frau van Laak, ich stelle Sie durch.«

»Guten Tag, wie kann ich Ihnen helfen?«, begrüßte mich Frau Claasen freundlich.

»Ich habe mich für ein anderes Büro entschieden, das eine Nummer kleiner ist. Außerdem ist es hier direkt vor Ort, das ist für mich im Moment wichtig.«

»Das freut mich für Sie, dass Sie einen kompetenten Partner in Ihrer Nähe gefunden haben. Vielen Dank, dass Sie uns Bescheid geben.«

»Noch eine Frage, Frau Claasen. Sie hatten mir verschiedene Broschüren mitgegeben, auch die CD mit den ganzen Steuerformularen. Soll ich sie Ihnen zurücksenden?«

»Nein, behalten Sie das nur. Sie können das als Existenzgründer gut gebrauchen.«

»Darf ich auch Ihre digitalen Tabellen und so weiter verwenden?«

»Natürlich. Machen Sie das. So denken Sie immer an uns. Wer weiß, wie sich Ihre Geschäfte entwickeln, in zehn Jahren haben Sie vielleicht den Eindruck, dass wir besser zu Ihnen passen, und dann sehen wir uns wieder. Viel Erfolg!«

Frau Claasen verstand es sehr gut, auf ihre (potenziellen) Kunden einzugehen, und wenn ich nicht so zufrieden mit Frau Sander gewesen wäre, hätte es womöglich tatsächlich ein paar Jahre später ein Wiedersehen mit Frau Claasen geben können.

»Ein tolles Logo. Eine ansprechende Website.«

Mein Coach, Herr Nienhagen, bat mich aufzuschreiben, was ich genau wollte.

Einen Fehler wollte ich vermeiden: monatelang an einem perfekten Internetauftritt zu feilen, viel Geld und Zeit auf die Entwicklung eines Logos zu verwenden – und zu meinen, erst dann, wenn alles perfekt sitze, könne man starten. Im Idealfall geschieht das nämlich parallel, und wenn keine Zeit, kein Geld für die Gestaltung des Außenauftritts vorhanden sein sollte, dann legt man erst einmal ohne los. Letztendlich zählen die Persönlichkeit und die Energie, mit der man ans Werk geht.

Durch meinen Freundeskreis wurde ich über fünf Ecken mit einer Grafikdesignerin bekannt gemacht. Sie willigte ein, mir ein Logo und Geschäftspapiere zu entwerfen und sich eine pfiffige Homepage einfallen zu lassen. Existenzgründer können schrecklich nerven, und ich betete sie an für ihre Engelsgeduld. Die meisten Gründer (wenn sie dann endlich Fahrt aufgenommen haben) sind ehrgeizig, wollen alles genau nach ihren – oft falschen – Vorstellungen von Grafik und Design verwirklicht sehen, sind anspruchsvoll, oft unbelehrbar, ungeduldig – und haben kein Geld. So eine war ich auch. Dass die Designerin das Projekt mit mir nicht abgebrochen hat, macht sie in meinen Augen zu einer äußerst liebenswürdigen Person, zumal ich sie, wie es alle Existenzgründer zu tun pflegen, nicht besonders üppig bezahlen konnte.

Aber die Frau war (und ist!) echt klasse: Das Schriftzug-Logo war schnell entwickelt und hat in meinen Augen die richtige Mischung aus Zurückhaltung und hohem Wiedererkennungswert. Ich freute mich jeden Tag aufs Neue, dass ich meinen markanten Mädchennamen »van Laak« nach der Scheidung wieder annehmen konnte. Auf das Logo folgten die Entwürfe für eine beidseitig bedruckte Visitenkarte, wieder schlicht, aber auf der Rückseite mit einer typografisch ungewöhnlichen Lösung. Ich sprang im Achteck vor Begeisterung.

Was ich nicht machte – und das war richtig: die Entwürfe Mutter, Schwester, Onkel, Nachbarin zeigen, um dann doch nur vor vier oder fünf verschiedenen Meinungen zu stehen, damit zur Grafikerin zu gehen und diese damit zur Verzweiflung zu bringen. Nein, ich ließ die Entwürfe auf mich alleine wirken – und zeigte sie nur meinem Coach (als Auskenner) und meinen Kindern (stellvertretend für die Gabe der Intuition).

»Schöne Farbe«, meinte Millie.

»Die Visitenkarte sieht aber irgendwie leer aus«, war Jonas' Kommentar.

»Schreibt man denn aufs Briefpapier die Kontodaten drauf? Ist das nicht ein bisschen aufdringlich?«, sorgte sich Frieda.

»Sieht alles richtig chefmäßig aus«, stellte Till fest.

Mein Coach winkte bis auf eine Kleinigkeit alles durch – es gab in seinen Augen stets Wichtigeres zu besprechen, nämlich die eigene Haltung, die eigene Herangehensweise an die Unternehmung (recht hatte er).

Die Grafikerin ließ ich nun auch beim Internetauftritt gewähren. Wenn Sie jemand Kompetentes gefunden haben, dann lassen Sie diesen Profi machen, und pfuschen Sie ihm nicht in seine durchdachten Ansätze hinein. Er oder sie wird Sie schon fragen, wenn er unsicher ist oder schlicht ein Feedback benötigt. Wie oft hatte ich es mit Kunden zu tun, die immer wieder im Laufe des Projekts mit Korrektürchen kamen, die entweder irrelevant waren (dann ist es ja nicht so schlimm) oder die das Ganze plötzlich in eine andere Richtung kippten (schlimm). Wozu holt man sich denn einen Experten ins Haus? Na also.

Mein Außenauftritt vervollständigte sich plötzlich in großen Schritten. Ich machte mir derweil Gedanken um die Büroorganisation und – ums Sparen. Jede Anschaffung wurde vermieden, wir brauchten das Geld, um die ersten Monate ohne Einkünfte durchstehen zu können. Sparen fing mit Kleinigkeiten an. Galt es, Post innerhalb unserer Stadt zu versenden, gab ich meinen Kindern die Umschläge mit, und sie warfen die Briefe auf einem ihrer vielen Fahrradwege, die sie zur Schule, zu Freunden, zum Sport zurücklegten, direkt beim Empfänger ein. Strom- und Warmwasserverbrauch mussten so niedrig wie möglich gehalten werden. Duschen war nur jeden zweiten Tag, Baden ausschließlich zu therapeutischen Zwecken (Erkältungs- oder Trostbad) erlaubt. Die Schließfächer in der Schule, die für Sportzeug und Kunstmaterial und die schweren Bücher angemietet werden mussten, mussten sich jeweils zwei Geschwister teilen.

»Nimm gefälligst deine fette Bibel wieder raus!«

»Dein Sportbeutel stinkt.«

»Das ist ein Schließfach und kein Kleiderschrank.«

»Ich nehm dir den Schlüssel weg, wenn du noch einmal eine Banane für zwei Wochen drin parkst.«

Es gab viel Ärger – ich mischte mich nicht ein. Die vier würden das unter sich regeln. Richtig gemacht.

Ich legte eine Ordnerstruktur an, vorläufig ohne Projekte zu haben, die ich darin ablegen konnte. Dieselbe Struktur übertrug ich auf das File-System auf meinem Rechner. Da ich ein visueller Lerntyp bin, arbeitete ich mit einer Farbcodierung, um auf Anhieb die richtige Akte, das gewünschte Dokument parat zu haben. Als es später Knall auf Fall losging, konnte ich auf eine effiziente Ordnung zurückgreifen, die nur sachte modifiziert werden musste. Glaubt man den vielen Studien zu den Unterschieden zwischen Männern und Frauen in der Existenzgründung, dann legte ich an dieser Stelle offensichtlich ein typisches Verhalten an den Tag. Frauen bereiten sich meist intensiver auf die Selbständigkeit vor, denn sie sind häufig weniger wagemutig und haben gerne die Kontrolle über alle Prozesse, auch die kleinen, um sich sicherer und damit wohler zu fühlen.

Zwischendurch beschäftigte mich die Frage, ob ich mich nicht vielleicht mit anderen Gründungswilligen zusammenschließen sollte. Dies kann eine kluge Entscheidung sein, vor allem weil sich auf diese Weise unterschiedliche Talente gut ergänzen können. Der eine ist ein Zahlenmensch, der Nächste ein guter Kontakter, der Dritte im Bunde derjenige mit den kreativen Eingaben. Hier muss man sich vertraglich gut absichern, denn nicht immer versteht man sich über Jahre hinweg genauso gut wie am Anfang. Hilfreich ist es auch, wenn alle ähnliche Voraussetzungen mitbringen, das heißt zum Beispiel: Alle verfügen über ganz ähnlich hohe finanzielle Mittel und haben dieselbe Einstellung zu Leistung und Disziplin. Auch das Lebensumfeld sollte sich nicht allzu sehr voneinander unterscheiden, um Spannungen zu vermeiden. Hier lag aus meiner Sicht das Problem für mich, mich mit anderen zusammenzutun. Ich kannte zwar andere gründungswillige Kreative, niemand jedoch war alleinerziehend, noch dazu mit vier Kindern. Von allen Beteiligten hätte dies viel Rücksichtnahme gefordert. Ich hätte ein schlechtes Gewissen gehabt, wenn ich wegen Familienterminen oder Krankheit der Kinder nicht in demselben Umfang wie meine Mitstreiter hätte arbeiten können. Sicher, man kann auch dies vertraglich regeln, aber ich hätte mich dabei unwohl gefühlt. Lieber wollte ich völlig autonom bleiben, um niemandem gegenüber Rechenschaft ablegen zu müssen. Das ist auch eine Typfrage; andere hätten damit kein Problem gehabt.

Begeisterung, Einsatz und Disziplin sind die Voraussetzungen, damit ein Start gelingt. Und auch der Zufall spielt eine Rolle. Ich hatte das Glück, eine auf digitale Lösungen spezialisierte Agentur in Berlin zu kennen. Der Geschäftsführer beauftragte mich, ohne anfangs meine Arbeit zu kennen (ich hatte kaum Referenzen); er war von meiner Persönlichkeit und meinem Arbeitseifer angetan. Er gab mir einen meiner ersten Aufträge, und es sollten noch viele folgen. Ich nannte ihn Geburtshelfer, seine Agentur meinen Inkubator. Ich bin sehr dankbar dafür.

»Jetzt machen Sie mal alleine weiter«, verabschiedete sich Herr Nienhagen von mir. »Sie können das.«

Ein wenig fühlte ich mich wie ein flügge werdendes Federtier, das von der Mutter sanft aus dem Nest gestupst wird.

»Aber denken Sie dran: The higher you fly, the deeper you fall.«

In dieser Hinsicht allerdings kam ich mir wieder vor wie ein alter Hase. Die Erfahrung des Absturzes, die hatte ich ja schon in meinem vorigen Leben gemacht. Das würde mir so schnell nicht wieder passieren.

Wie komme ich denn jetzt
an Aufträge?

Oder warum man seinen ersten
Kunden nie vergisst.

E s war einer der winzigsten Aufträge in meinem Dasein
als Texterin. Aber sicherlich einer der wichtigsten. Es
war nämlich mein allererster Kunde.

Das Gefühl, wenn das erste Mal Geld auf dem Konto ein-
geht, weil man eine Dienstleistung oder ein Produkt das
erste Mal verkauft hat, richtig verkauft hat, ist ganz schön
erhebend. Es ist etwas ganz anderes als diese praktischen
Tauschgeschäfte, die es oft unter Existenzgründern, Freelancern und kleinen Krautern gibt. Du entwirfst mir ein
Logo, dafür schreibe ich dir einen Akquisetext. Du schraubst
ein Whiteboard in meinem Büro an die Wand, dafür kümmere ich mich um deine Website. Das Ganze ist sehr ergie-
big, auch ich habe davon immer wieder profitiert, und es
stärkt die Kontakte untereinander. Man nennt das übrigens
Bartering – und schon klingt das alles viel professioneller.
Aber noch viel schöner ist der erste Geldeingang auf dem
Konto, denn dann gibt es kein Vertun mehr: Man ist Unternehmer.

Diesen Status bescherte mir ein Kunde, den ich in einem Anfall von unstrukturiertem Mailversand ergattert hatte. Dem war die typische Hilflosigkeit vorausgegangen, die viele frischgebackene Selbständige befällt, wenn es um Kundenakquise geht.

Da stand ich nun mit meiner Textagentur, aber wie sollten andere davon erfahren? Wie sollte mein Einzelunternehmen nach außen rüberkommen? Wie kam ich an erste Geschäftskontakte?

»Mach doch ein Schild an die Haustür, ich kann dir eins malen, Mama«, war der konstruktive Vorschlag meiner Jüngsten, und sie war etwas beleidigt, als ich ihr Ansinnen nicht passend fand.

»Na gut, du könntest auch eine Fahne aus dem Fenster hängen, so wie das der Eisladen an der Ecke macht.«

»Ja, und dann könnte noch ein Flugzeug ein Banner hinter sich her ziehen mit ›Text: van Laak‹ drauf«, grinste Jonas und trollte sich in sein Zimmer, bevor ich wütend werden konnte.

Ich hatte mich bereits in allen kostenfreien Branchen-Plattformen mit Standard-Einträgen registriert. Auch die typischen Städte-Plattformen (bunt, wirr, nutzerunfreundlich) boten die Möglichkeit eines kostenlosen Eintrags. Dort musste man sich meist Kategorien zuordnen, denen ich mich gar nicht zugehörig fühlte. Ich war weder ein Print-Unternehmen noch eine PR-Agentur. Ich reihte mich unter Medien ein. Ich kann mich nicht erinnern, ob ich über solche Plattformen tatsächlich Aufträge bekommen habe. Ich meine, dass letztlich immer der persönliche Kontakt entscheidet. Wichtig ist auch herauszufinden, was man selbst für ein Marketing-Typ ist. Wer gerne telefoniert, sollte sich die Telefonakquise näher anschauen, wer viel online unterwegs ist, ist in den Online-Business-Netzwerken gut aufgehoben, wer telefonieren und surfen hasst, sollte auf die persönliche Begegnung setzen.

»Keine Kunden in der Wohnung.« So viel stand fest. Mein erstes »Büro« war ein Witz. Ich schlief im Wohnzimmer, meine Matratze lag auf einem zusammengeschusterten Gestell aus splitternden Tischlereiabfällen, in der Ecke standen drei offene Regale, die sich durchbogen und sowohl schlecht gefaltete Pullover und Wäsche als auch Aktenordner und Bücher beinhalteten. Davor lag eine Tischplatte auf zwei mit alter Farbe bekleckerten Holzböcken, die Jonas einmal auf dem Sperrmüll gefunden hatte. Auf der Fensterbank das Fax, ein altes Schätzchen mit Thermo-Papier. Es arbeitete technisch einwandfrei, aber es gab dafür keinen Papiernachschub mehr – nach den von mir im Voraus gebunkerten zehn Rollen würde also Schluss sein mit dem Gerät. (Ich bin nur bis zur dritten Rolle gekommen, dann stellte das Fax mit einem durchdringenden Dauerpiepen seine Basisfunktionen ein.)

Wenn schon das Home-Office nicht kundentauglich war, so war es der Eingang der Wohnung erst recht nicht. Dort stapelten sich täglich mindestens fünf Paar Schuhe, meist mehr, denn die Kinder brachten immer viele Freunde mit. Jacken hingen über dem Geländer, das den Hausflur vom kleinen Zugang zum feuchten Keller abtrennte, aus dem ständig ein modriger Geruch strömte. Hinten im Flur schloss sich die Küche an – die Beschreibung des chaotischen Herzstücks unserer Wohnung erspare ich uns allen.

Wenn ich also zu Hause keine Kunden empfangen konnte, wo dann? Was ich (noch) nicht wusste, war, dass in dem Bereich, in dem ich mich bewegte, der Dienstleister zu 95 Prozent zum Kunden geht und nicht umgekehrt. Eine Ausnahme bilden Behörden und andere Institutionen, bei denen die Angestellten sich meist sehr freuen, wenn sie einmal rauskommen – dem konnte ich Jahre später in meinen neuen Büroräumen endlich Rechnung tragen. Wenn dazu noch ein guter Kaffee oder ein leichter Tee serviert wird, ist die Grundstimmung von vorneherein wohlwollend und friedlich.

Bevor ich meinen ersten Kunden direkt ansprach, suchte ich nach einem Ort, an dem man sich treffen konnte. Eigentlich hätte ich es umgekehrt machen sollen (erst Kunden finden, dann Ort suchen), jedoch fühlte ich mich mit meinem chaotischen häuslichen Büro im Hintergrund derart unsicher und unprofessionell, dass ich den schützenden Rahmen einer guten Location brauchte. Ich fuhr auf dem Fahrrad mehrere Restaurants, Cafés und Bistros ab. Es sollte nicht zu glamourös daherkommen, das hätte einen falschen Eindruck erweckt, außerdem musste ich jeden Cent umdrehen und hätte eine Spesenrechnung, die über 25 Euro gelegen hätte, nicht bezahlen können. Es durfte natürlich auch nicht ein Allerweltsort sein, schließlich war ich keine Durchschnitts-Texterin – zumindest hatte ich mir das so vorgenommen.

Ich stieß schließlich auf einen winzigen Teesalon, der nur etwa ein Dutzend Sitzplätze hatte. Der ganze Raum war vom Duft der verschiedenen Teesorten erfüllt, es herrschte eine ruhige, zufriedene Stimmung, im Hintergrund spielte leise klassische Musik. Eine groß gewachsene, schöne Frau um die fünfzig mit langen schwarzen Haaren kam freundlich, aber etwas schüchtern auf mich zu. Ich bestellte sofort ein Kännchen Darjeeling – da entdeckte ich die Kuchen am Buffet, die so aussahen, wie Kuchen im Märchen oder im

Schlaraffenland aussehen müssen: selbst gebacken, reichlich Butter dran, überquellende Streusel, dick belegt mit Obst, ein haushoher Käsekuchen – mir lief das Wasser im Mund zusammen. Ich probierte mich durch drei göttliche Kuchen und erfuhr, dass die Schwarzhaarige jeden Morgen um fünf aufstand, um sechs Kuchen zu backen, bevor sie diese noch warm mit in den Teesalon nahm, der täglich um 10 Uhr öffnete. Ja, das war mein Ort!

An: siebel@merlmedia.de
Von: pvl@textvanlaak.de
Sehr geehrte Frau Siebel, Mitte letzten Jahres *(geschummelt! das war gerade erst zwei Wochen her)* habe ich mich mit einem Büro für Text und Redaktion *(eigentlich: als kopf- und geldlose Alleinkämpferin)* selbständig gemacht. Ich könnte mir vorstellen, dass Sie bei Ihren DVD-Produkten Unterstützung im Bereich Text gebrauchen könnten *(die grauenhaften Klappentexte waren definitiv verbesserungswürdig)*. Der Content *(Agentur-Sprech streuen, um zu zeigen, dass ich eine von ihnen war)* könnte durch eine Kurzzusammenfassung und ein wörtliches Zitat aus dem Bewegtbild ansprechend auf der Rückseite der DVD-Hülle präsentiert werden. *(Hier bereits verraten, was man für tolle Vorschläge für den Kunden hätte.)* Ich habe bisher für die Filmwirtschaft *(stimmte sogar)* und im Verlagsbereich *(auch nicht gelogen)* gearbeitet. Gerne stelle ich mich persönlich bei Ihnen vor, um gemeinsam mit Ihnen mögliche Formen der Zusammenarbeit auszuloten *(diesen Satz kann ich immer noch auswendig, so oft habe ich ihn damals geschrieben)*.
Mit freundlichen Grüßen
Petra van Laak

Kaltakquise. Ich kannte ja außer einigen Adressen aus der Filmwirtschaft kaum jemanden. Meine Mails gingen an zig potenzielle Kunden, die ich mir aus dem Internet zusammengestellt hatte. Dabei war mir wichtig, mich zunächst regional umzuschauen, denn ich wollte die in Frage kommenden Unternehmen persönlich aufsuchen können und mir vor Ort einen Namen für gute Texte machen. Natürlich ist es dank Internet nicht mehr so wichtig, wo man sein Büro hat, und heute schreibe ich Texte und berate im Bereich Corporate Communications für deutschlandweit ansässige Unternehmen. Der Kern meiner Kundschaft ist nach wie vor in der Region um die Bundeshauptstadt angesiedelt. Da ich es von vorneherein nicht darauf anlegte, auf eine große Agentur mit vielen Mitarbeitern anzuwachsen – zumindest nicht, solange die Kinder noch bei mir wohnen –, wollte ich als Einzelunternehmerin vor Ort Präsenz zeigen. Daher lag der Schwerpunkt meiner Kaltakquise auf der Region. Richtig gemacht.

Ich bemühte mich immer, in meinen Mails den jeweiligen Ton zu treffen, der mir nach intensivem Studium des Unternehmens, seiner Website usw. angemessen erschien. Außerdem sollte die Mail zeigen, dass ich mich mit den Produkten, den Leistungen, dem Portfolio und auch der Historie des Unternehmens bereits auseinandergesetzt hatte. Und immer »verriet« ich dem Kunden auch, wie ich es beispielsweise anpacken würde – auch auf die Gefahr hin, dass der Adressat diese Idee benutzen könnte, ohne mich je zu kontaktieren. Aber das war eben Berufsrisiko.

Kürzlich erhielt ich selbst eine Kaltakquise-Mail von einem Dienstleister, einem ebensolchen Einzelunternehmer, wie ich es bin. Mir wurden Leistungen im Bereich der Programmierung angeboten. Meine Motivation, mich mit dem

Schreiben auseinanderzusetzen, schrumpfte proportional zur Häufigkeit, mit dem das Wörtchen »ich« gebraucht wurde. Der Absender verwendete es elf Mal in seiner kurzen Mail.

Verflucht seien diese Home-Offices. Meine Hände steckten in einem Schaumberg, der in hellem Rosa auf Friedas Kopf zitterte. Ich half ihr, eine misslungene Tönung wieder auszuwaschen, die irgendeine frühreife Klassenkameradin ihr eingeredet hatte. Meine Jogginghose rutschte, außerdem reizten die chemischen Ausdünstungen des Haarfärbemittels meine Schleimhäute, aber ich konnte mir gerade nicht die Nase putzen. Frieda jammerte und zeterte.

»Meine Haare sind total kaputt, sie werden nie wieder glänzen, ich hasse Emmy dafür – Mama, willst du nicht mal ans Telefon gehen?«

Jetzt brachte mir Till das schnurlose Telefon ins Bad, er wechselte noch schnell den Hörer von einer Hand in die nächste, in der er zwei von Honig triefende Brotscheiben balancierte.

Wir hatten zwei identische Telefone, eines fürs Geschäftliche, das andere bediente unsere private Nummer. Ich hatte den Kindern eingeschärft, nur das private Telefon zu beantworten. Ein dicker Aufkleber »Mama Büro« sollte die Unterscheidbarkeit gewährleisten. Es ging trotzdem nicht immer glatt. Millie hatte sich mehr als ein Mal zu meiner Sekretärin aufgespielt. »Frau van Laak ist nicht da. Gib mal deine Nummer. Wir melden uns.«

»Manno, jetzt geh endlich ran!«

Lustig. Wie denn? Schließlich griff ich mit schaumigen Händen zum Mobilteil und drückte auf Annehmen. Dünnflüssiger Honig ging eine ungesunde, glitschige Verbindung mit dem Seifenschaum ein, fast wäre mir das Ding aus der Hand geflutscht.

»Siebel, Merlmedia. Frau van Laak?«

Ich bedeutete Frieda mit rollenden Augen, das Wasser abzudrehen, dann flitze ich aus dem Bad, um mir ein ruhiges Eckchen in der Wohnung zu suchen, ein frommes Unterfangen. In einer kleinen Wohnung mit vier Kindern (plus diversen Schulfreunden) gibt es kein ruhiges Eckchen, das weiß jeder.

Ich trat auf den Saum meiner Jogginghose, deren Taillengummi endgültig den Geist aufgegeben hatte, die Hose rutschte noch tiefer. Ich humpelte den kleinen Flur lang, in die Küche – nein, Kehrtwende, Jonas briet Spiegeleier –, in mein Büro, trat mir auf meine eigenen Füße, an deren Fesseln der gesamte dunkelblaue Jerseystoff der alten Jogginghose zusammengesackt war. Ich versuchte, mich möglichst geräuschlos auf den Teppich sinken zu lassen. Millie, die auf dem Fußboden in meinem Zimmer ihre Hausaufgaben machte, sah mich belustigt an, sagte aber nichts. Ich muss bemitleidenswert ausgesehen haben, wie ich da so lag, halb ausgezogen, den seifigen Honighörer ans Ohr gepresst.

Ich flötete ins Telefon:

»Frau Siebel, wie schön, dass Sie sich melden.«

Millie unterdrückte ein Kichern, ich weitete gefährlich meine Nasenlöcher und drohte ihr mit weit aufgerissenen Augen.

An wie vielen unwürdigen Orten, in welch unglücklichen Positionen ich schon überall Kundentelefonate geführt habe! Im Klo eingeschlossen, zwischen den Wintermänteln in der Garderobe stehend, voll bepackt mit Einkaufstüten im Vorgarten des Mietshauses – das alles, um trotz meiner schwierigen, untypischen Büro-Situation immer erreichbar zu sein. Aus Angst, einen wichtigen Anruf zu verpassen oder beim Kunden womöglich den Anschein zu erwecken, ich sei faul und deshalb nicht im Büro, quälte ich mich durch Rufumleitungen und nachteilige Gesprächssituationen. Fehler. Heute schalte ich den Anrufbeantworter ein, wenn die Situation zum Telefonieren ungünstig ist. Ich gehe sehr sparsam mit Rufumleitungen auf mein Handy um. Ich führe wichtige Telefonate oft mit eigens dafür vereinbartem Telefontermin. Natürlich sorge ich dafür, dass ich während typischer Bürozeiten auch erreichbar bin, jedoch nicht ständig und überall. Erst hatte ich ein schlechtes Gewissen, als ich damit anfing, dann merkte ich, wie gut es mir persönlich tat und dass die Qualität der Arbeit darunter ganz und gar nicht litt. Und dann stellte ich noch etwas fest: Die Kunden, Mitarbeiter, Freelancer usw. gehen sehr entspannt damit um, fast scheinen sie ein wenig neidisch zu sein, dass ich mir dieses »Abschalten« leiste. Und noch eine Erkenntnis: Ich bin nicht so wichtig, als dass sich ständig jemand darüber Gedanken macht, wieso man Frau van Laak nicht ununterbrochen von 9 bis 17 Uhr im Büro erreichen kann. Dass ich gut bin, dass ich fleißig bin, dass ich kreativ bin – das wissen die Kunden doch sowieso.

»Wir machen eine neue Reihe mit regionalen Geschichten, da könnten wir eventuell jemanden für Text gebrauchen.«

Ich beeilte mich, Frau Siebel zu versichern, dass ich genau die Richtige dafür sei.

»Sehr schön, Frau van Laak, wir treffen uns, sagen wir Dienstag, ich komme zu Ihnen ins Büro.«

Ein Szenario, wie durch ein Blitzlicht schlagartig erhellt, huschte am Inneren meiner Schädeldecke hin und her. Lärmende Schulkinder, Jonas und Till spielen Fangen im Flur, der Geruch vom Linseneintopf liegt über allem, Frieda und ihre Freundinnen üben Singstar und brüllen zu viert im Kinderzimmer »Bitte gib mir nur ein Ohr« (Mama, das heißt »*Wort*«!), Millie hat ihre fünfundzwanzig Kuscheltiere auf meinem Schreibtisch aufgebaut, weil sie abwägen muss, von welchen sie sich eventuell nach dem Abitur trennen könnte.

»Frau van Laak?«

Der Teesalon!

»Darf ich Ihnen einen anderen Ort vorschlagen? Ich *muss* Ihnen ein zauberhaftes Teecafé zeigen, in dem man sehr schön sitzen kann. Der Kuchen ist unschlagbar dort.«

»Ich esse keinen Kuchen.«

»Der Tee ist ausgezeichnet.«

Jetzt bitte, bitte, sag nicht, ich trinke keinen Tee, betete ich leise und sah auf die Schlaufen des Teppichs, die sich unter dem Gewicht meines Körpers seltsam verrenkt zusammendrückten. O Gott, hier könnte auch mal wieder gesaugt werden, dachte ich.

»Tee ist sehr schön.«

Meine Freude spiegelte sich auf Millies Gesichtchen, und sie hielt beide Daumen aufmunternd hoch.

Ich gab Frau Siebel die Adresse des Teesalons durch und legte den verklebten Hörer aus der Hand.

»Wenn die ihren Kuchen nicht essen will, kannst du ihn ja mir mitbringen«, schlug Millie noch vor, dann widmete sie sich wieder ihren Englisch-Hausaufgaben.

Frieda kreischte aus dem Bad, sie habe Schaum in den Augen und ob ich wollte, dass sie erblinde. Jonas fragte, ob er die angebrannten Spiegeleier essen könne, ohne Krebs zu kriegen. Es gibt Momente im Leben als Unternehmerin, da wäre man gerne kinderlos.

Sobald es finanziell irgendwie läuft, miete ich mir einen Büroraum, schwor ich mir. Es sollte noch zwei Jahre dauern, bis es so weit war.

Vivaldi und andere barocke Klänge drangen an die Ohren der Besucher des Teesalons, ich blätterte aufgeregt in meinen Unterlagen, und das schon seit fünfzehn Minuten, denn ich war viel zu früh da. Ich war mir nicht ganz sicher, wie Frau Siebel überhaupt aussah. Die winzigen Porträtfotos auf der Firmenwebsite von Merlmedia waren wenig aussagekräftig, weil eine klare Zuordnung zu den Nachnamen fehlte. Meine Website war noch nicht fertig, also musste auch Frau Siebel sich darauf verlassen, dass ich sie erkannte.

Ein junger Mann betrat den Raum und schaute sich suchend um. Er trug einen schmal geschnittenen Anzug, dazu eine ausgesprochen hübsche Krawatte. Sein dichtes schwarzes Haar war kurz geschnitten, aber eine Strähne hing ihm vorwitzig in die Stirn. Seine Gesichtszüge glichen denen eines Pennälers aus einem alten Stummfilm, dicht bewimperte Augen, schön geschwungene Lippen, ein wenig weiblich wirkend. Er schaute sich weiter ruhig um, blickte mich dann aufmunternd an, kam auf mich zu und lachte freundlich.

»Sind Sie Frau van Laak?«

Mir schoss durch den Kopf, dass Frau Siebel vielleicht krank geworden war und nun eine Vertretung geschickt habe.

»Siebel. Ist schön hier.« Und der Mann setzte sich.

Hätte er nicht wenigstens seinen Vornamen sagen können? Dann hätte ich gewusst, ob ich mit Herrn Siebel oder Frau Siebel weitermachen sollte. Vielleicht hatte Frau Siebel ja ihren Mann geschickt? Ich muss so verwirrt ausgesehen haben, dass Herr Frau Siebel hinzufügte: »Übrigens haben wir denselben Vornamen.«

Wir lachten. Während Petra Siebel die Teekarte studierte und einen Oolong auswählte, suchte ich verstohlen ihren Oberkörper nach weiblichen Rundungen ab, konnte aber keine finden.

»Darf es etwas Kuchen sein?«, fragte die Bedienung.

Frau Siebel schüttelte den Kopf, ich bestellte ein Stück altdeutschen Apfelkuchen, mit einem Netz aus Teig obendrauf, wie ich es schon als kleines Mädchen auf den Abbildungen des großmütterlichen Dr.-Oetker-Schulkochbuchs (Auflage von 1968) bewundert hatte.

Ich übte im Kopf die Anrede Frau Frau Frau Siebel, um in keinen Fettnapf zu treten, und versuchte, mein Bild des jungen, gut gekleideten Herrn gegen das der jungen, gut gekleideten Frau auszutauschen.

Frau Siebel beschrieb in klaren Worten den Auftrag, wobei sie leicht abgelenkt war von dem prachtvollen Kuchenstück, das ich vor mir auf dem Teller liegen hatte.

»Möchten Sie einmal probieren?«, rutschte es mir heraus – Mensch, das war jetzt aber so gar nicht unternehmerinnenhaft, dachte ich.

Und Frau Siebel probierte. Wir bestellten ein eigenes Stück für sie, dann ließ ich noch ein Stück Käsetorte mit zwei (!) Gabeln kommen – Petra Siebel aß mehr als die ihr zustehende Hälfte. Zwischen den Bissen beschrieb sie Zeichenanzahl und Position des Textes auf den Covern.

»Haben Sie Referenzen dabei? Arbeitsproben?«

Frau Siebel schaute mich aufmerksam an und holte ein blütenweißes Stofftaschentuch hervor, um sich dezent zu schneuzen. Ich entdeckte das Monogramm P.S. auf dem Baumwollstoff.

Ich war mir wohl zu sicher gewesen und hatte gedacht, die Hürde meiner nicht-unternehmerischen Vergangenheit sei bereits genommen, indem Frau Siebel nicht nach Referenzen oder Arbeitsproben fragen würde. Ich war offiziell erst 20 Tage »auf dem Markt«, statt Referenzen hatte ich eine gescheiterte Mittelstandsexistenz, aus der ich mich gerade herausarbeitete, zu bieten. Und anstelle von Arbeitsproben konnte ich ihr bestenfalls versichern, wie sehr ich die Tugenden, die mir durch die letzten Jahre mit den vier Kindern geholfen hatten (darunter Durchhaltevermögen, Flexibilität und Einfallsreichtum), nun als Unternehmenstugenden einzusetzen gedachte.

Frau Siebel bestellte gerade ein Stück vom Himbeerkuchen, als ich die Flucht nach vorn antrat. Ich gestand ihr, dass ich eine blutige Anfängerin sei, aber ein Händchen für Formulierungen hätte, ob sie es nicht mit mir versuchen wolle?

Petra Siebel kaute zufrieden, nickte und scherzte:

»Na, wer mich dazu bringt, Kuchen zu essen, und zwar drei verschiedene Stücke an einem einzigen Nachmittag, mit dem ist es wohl einen Versuch wert.«

Wir einigten uns darauf, dass ich einen Probetext abliefern sollte, und das zügig, um zu sehen, ob die Qualität stimmte, bevor sie mich offiziell beauftragen würde. Für den Probetext verlangte ich kein Honorar. Richtig gemacht.

Ich verließ das Café vor Frau Siebel, die noch ein Weilchen dort sitzen wollte. Ich stieg auf mein Rad und flitzte los, sah im Augenwinkel durch die spiegelnden Scheiben des Salons, wie sich die junge Frau im Anzug zur Bedienung vorbeugte und auf den Frankfurter Kranz hinten links auf dem Tresen wies.

Der Probetext wurde bis auf eine kleine Änderung sofort akzeptiert. Ich sprang atemlos vor Begeisterung durch die Wohnung und versprach den Kindern, mit ihnen nach dem Abendessen meinen ersten, meinen allererersten Kunden zu feiern. Jetzt musste ich schnell das offizielle Angebot schreiben. Ich kalkulierte zweieinhalb Arbeitsstunden (zu wenig!) für die Textkreation. Zugrunde legte ich einen Stundensatz von 30 Euro (zu wenig!). Mein Angebot belief sich auf 75 Euro zuzüglich 19 Prozent Umsatzsteuer.

Frau Siebel wird das gefreut haben, aber die Berufsverbände wie zum Beispiel der VFLL (Verband der Freien Lektorinnen und Lektoren) wären darüber wütend gewesen. Ich wusste es damals nicht besser. Im Kopf hatte ich als Berechnungsgrundlage für mein Honorar eher die Beträge, die dem stündlichen Gehalt von Angestellten entsprachen. Das ist in der Kostenkalkulation von Selbständigen natürlich Blödsinn. In die Preisgestaltung müssen einfließen: unbezahlter Urlaub, unbezahlte Krankheitstage, unbezahlte Feiertage, unbezahlte Leerlaufzeiten bei schlechter Auftragslage oder wegen Verzögerungen bei Kunden und Lieferanten, unbezahlte Akquisestunden, unbezahlte Arbeitsstunden für Administration. Bei den Stundensätzen sind ebenso zu berücksichtigen die Betriebsausgaben (Werbung, Bürokosten, Weiterbildung) und Versicherungsbeiträge (Krankenkasse, Pflege, Altersvorsorge usw.).

Auch die Stundenanzahl, die ich für das Texten geschätzt hatte, war viel zu gering, denn ich hatte weder Recherche eingeplant noch daran gedacht, dass es Korrekturläufe und Telefonate geben würde. Heute kann ich meist aus dem Stand schätzen, wie viel Arbeitszeit ein bestimmtes Projekt erfordert. Die Stundenanzahl und das Honorar schreibe ich dann auf einen extra Zettel. Danach kalkuliere ich alles bis ins kleinste Detail durch – und es bereitet mir Vergnügen, meine grobe, erste Schätzung mit dem Ergebnis der Kalkulation, die ich sorgfältig auf betriebswirtschaftlicher Grundlage erstellt habe, zu vergleichen. Ist die Diskrepanz groß, fange ich wieder von vorne an zu rechnen. Sicherheitshalber. Es gibt jedoch auch Mischkalkulationen, das bedeutet, ich biete zum Beispiel ein Schlusskorrektorat vor Druckfreigabe sehr günstig an, berechne dafür im Bereich Recherche mehr, wenn ich weiß, dass dies für den Kunden eine viel höhere Bedeutung hat als mein akribisches Korrekturlesen (was sehr viel Erfahrung und Konzentration erfordert und kaum zu delegieren ist).

Die Kinder stießen jedenfalls an jenem Abend mit Saft, ich mit Sekt auf meinen ersten Auftrag an. Ich fühlte mich, als lägen mir alle kleinen und mittelständischen Unternehmen in Brandenburg zu Füßen.

Mein Anfänger-Angebot wurde sofort akzeptiert, ich arbeitete sorgfältig an den Texten, benötigte dafür etwa das Dreifache der veranschlagten Zeit (ich Dumme!), lieferte pünktlich ab und musste lediglich zwei kleine Verbesserungen ausführen. Wir hatten also nur einen Korrekturdurchgang – ich Greenhorn dachte damals, das wäre normal. Selig sind die Unwissenden …

Der fristgerechte Eingang des Honorars auf meinem Geschäftskonto ließ mich erneut aufjubeln. Ich erlaubte den Kindern, für jeden ein dickes Teilchen vom Bäcker an der Ecke zu kaufen. Der Bäcker war fester Bestandteil unseres familieninternen Belohnungssystems. In den mageren Jahren hatten wir uns jede noch so kleine Ausgabe verkniffen – jetzt war es der Inbegriff von Luxus, dort leckere Brezeln, Schokoladenherzen, Croissants oder einen Berg Schrippen zu kaufen.

»Einfach so? Einfach so, Mama?«, fragte Millie anfangs oft. Und obwohl ich mich so sehr für sie freute, wenn ich ihre ängstliche Frage bejahte und sie davonflitzte, mit wehenden Haaren und wehendem Stoffbeutel, gab es mir auch immer einen kleinen Stich.

Nachdem der Auftrag mit Merlmedia vollständig abgewickelt war, hörte ich lange nichts von Petra Siebel. Selbstverständlich setzte ich sie auf die Liste der Empfänger meiner Weihnachtskarte, die ich – egal wie der Laden lief – immer im Dezember versandte. Die ersten Karten waren noch in Handarbeit gefertigt, weil das Geld für einen Digital- oder Offsetdruck nicht reichte und die Zahl der Empfänger noch nicht groß genug war. Von 50 Kartenadressaten im ersten Jahr meiner Gründung bin ich mittlerweile bei 400 persönlichen Kontakten angelangt. Die Karte ist jedes Jahr etwas Besonderes und sticht aus der Masse des »Frohes Fest«-Einerleis hervor.

Nach Weihnachten hörte ich von Frau Siebel auf indirektem Wege: Die Marketingabteilung eines Nahrungsmittelkonzerns meldete sich bei mir, ich sei von Herrn (!) Siebel (offensichtlich noch jemand, den das Äußere von Frau Siebel verwirrt hatte) empfohlen worden. Daraus ergab sich ein guter Auftrag, ich bedankte mich bei Frau Siebel, wurde jedoch an eine Kollegin weitergeleitet, die Frau Siebel für einige Monate vertrat.

Ich wagte nicht zu fragen, ob es sich um einen Krankheitsfall handelte oder ob sie vielleicht woandershin versetzt worden war.

Mittlerweile gab es zwei weitere Anfragen von mittelständischen Unternehmen. Sie seien vom Marketingchef des Nahrungsmittelkonzerns auf mich hingewiesen worden, und der wiederum hätte die Empfehlung von einem Herrn Wiebel oder Niebel oder so ähnlich …

Schon am Ende des dritten Jahres in der Selbständigkeit sagte ich der Kaltakquise für immer und ewig Ade. Empfehlungsmarketing ist und bleibt das beste (und das angenehmste) Marketing.

Petra Siebel bin ich kürzlich bei einem Spaziergang im Park Sanssouci wiederbegegnet. Sie schob einen Kinderwagen, neben ihr ging eine junge, dunkelhäutige Schönheit mit funkelnden schwarzen Augen und einem raumgreifenden Afrolook.

»Darf ich vorstellen?«, sagte Frau Siebel fröhlich und legte den Arm um ihre Begleiterin. »Maimuna Siebel, meine Frau.«

Ich begrüßte beide, ich freute mich, Frau Siebel wiederzusehen. Wir sprachen noch ein wenig über die Wichtigkeit guter Kommunikation, dann mussten die beiden weiter. Ich warf schnell einen Blick in den Kinderwagen. Darin lag in tiefem Schlummer, die kleinen Fäustchen herzallerliebst geballt, ein Baby. Es hatte die Farbe von Werthers Echten Karamellbonbons.

Das Leben ist bunt und vielfältig.

Kenn ich Sie?

Oder warum das Netzwerken
so wichtig ist.

Frisch gegründet als Solo-Selbständige – und dann ist da dieses Einsamkeitsgefühl. Ich fühlte mich wie ein einzelner Mensch auf einem riesigen, leeren Platz, über den der Wind fegte und ein paar welke Blätter vor sich hertrieb. Wo waren die anderen? Wo sollte ich anfangen zu suchen? Und vor allem: *Wie* sollte ich das Knüpfen von Kontakten beginnen?

Ich beneidete alle Ladenbesitzer um die Möglichkeit, morgens die Tür zu ihrem Geschäft zu öffnen, ein Schild »Yes, we're open« ins Fenster zu hängen und jeden Kunden in die Arme schließen zu können, der in den Laden hineinfand.

Nicht auszudenken, wenn mich ein Kunde dagegen in meiner zusammengestümperten »Bürosituation« gesehen hätte. Auf meinem Schreibtisch flogen die aktuellen Stundenpläne der Kinder, die zu unterschreibenden Schwimm-, Wandertags-, Klassenkassengenehmigungen durcheinander, dazu ein getöpfertes, leicht wahnsinnig aussehendes Fabelwesen von Frieda, eine Kritzelzeichnung von Millie und ein wütender Zettel von Till, im Wortlaut »Wer noch mal mein Gel klaut, den schmeiß ich aus dem Fenster«.

Ach, wie gerne hätte ich ein Ladengeschäft gehabt. Stattdessen fragte ich mich täglich: Wie sollte ich potenzielle Kunden in meinen nur virtuell existenten Laden locken, dessen Dienstleistung nicht anfassbar und zudem erklärungsbedürftig war?

Ich tastete mich an das Netzwerken im virtuellen Raum heran. Noch kannte ich das Verknüpfen mit anderen Personen im Internet nur vom Hörensagen. Meine Kinder waren damals noch nicht auf Facebook, und mich hatten diese privaten Netzwerke nie interessiert (das sollte sich später ändern). Jemand hatte mir von Business-Netzwerken erzählt, *XING*, *LinkedIn*, das auf Kreative spezialisierte Netzwerk *dasauge* und so weiter, also schaute ich mich dort um.

Ein Freund sagte mir, dass *LinkedIn* im angelsächsischen Raum verbreiteter sei, hier bei uns hingegen *XING* das wichtigere Netzwerk darstellte. Aus heutiger Sicht meine ich, dass sich das alles nichts tut. Ich rate dazu, sich alles genau anzusehen und zu entscheiden, welches Netzwerk einem sympathischer erscheint. Letztendlich arbeiten alle nach demselben Prinzip, und es kommt auf die eigene Aktivität an, um solche Kontaktbörsen richtig zu nutzen. Um immer auf dem neuesten Stand zu sein, ist es nach meiner Erfahrung schwierig, mehr als zwei Netzwerke gleichzeitig zu bedienen. Es ist sehr zeitaufwendig, und dann kommen noch andere soziale Medien wie Facebook und Twitter hinzu. Und eigentlich sollte man sich ja um sein Kerngeschäft kümmern. Jemand, der absolut internetaffin ist, mag alles in kürzerer Zeit pflegen können und liebt es vielleicht, ständig online zu sein. Aber Vorsicht, nicht kritiklos dem Zauber der Online-Medien erliegen. Es ist auch immer eine

Frage der Relevanz. Sind meine wichtigsten Kunden und Geschäftspartner dort unterwegs oder nicht?

Meine Entscheidung war gefallen: ein *XING*-Profil musste her. Ich kramte ein Foto aus meinem ersten Leben hervor. Damals war ich Ehefrau eines gut verdienenden Managers gewesen. Das Geld hatte locker für einen Spitzenfriseur und einen Topfotografen gereicht. Dann legte ich mein erstes Profil an. In dem elektronischen Business-Netzwerk konnte man Angaben zum eigenen Portfolio machen und Suchaufträge einstellen, etwa nach bestimmten Text-Projekten, aber auch nach Mitarbeitern oder anderen Kreativen, mit denen man sich vielleicht zusammenschließen wollte. Ich sah mir andere Profile an, manche waren perfekt komponiert, gute Fotos, eingängige Texte, beeindruckende berufliche Stationen, viele Auszeichnungen, gesammelte Kontakte, die im drei- oder gar vierstelligen Bereich lagen. Andere Profile wiederum schienen seit Jahren im Dornröschenschlaf zu liegen, kaum Kontakte, schlampig ausgefüllte Stationen im Lebenslauf. Es durfte nicht schwer sein, sich von diesen deutlich abzuheben.

Um nicht mit null Kontakten dazustehen, suchte ich das Netzwerk nach Personen ab, die ich bereits kannte. Oh, mein Cousin war auch dabei, also schnell eine Kontaktanfrage verschickt. Wie hieß doch gleich der Marketingchef, den ich bei einer Aushilfsarbeit kennengelernt hatte? Richtig, hier war er. Kurzer Vorstellungstext zur Kontaktanfrage und abgeschickt. Ich hatte nach einer Stunde etwa sieben Anfragen verschickt. Mehr Leute kannte ich nicht. Und jemand Wildfremden wollte ich nicht von der virtuellen Seite anquatschen. Richtig gemacht.

Ich halte es für eine Unsitte, unbegründete Anfragen an vollkommen Fremde zu stellen, in der Hoffnung, man könne dadurch ein wenig Business generieren. Ein bestimmter Bezug sollte von vorneherein da sein, sei es, dass man sich einmal gesprochen hat, über einen gemeinsamen Kontakt aufeinander aufmerksam gemacht wurde, die Arbeit des anderen kennt, seine Studie, sein Buch gelesen hat usw. Anfragen aus heiterem Himmel bestätige ich niemals, sondern frage erst einmal zurück, wie derjenige auf mich kommt. (Die »Guten« haben jedoch ihrer Anfrage bereits eine Begründung beigefügt.) Folgt keine Antwort oder nur eine lieblose Begründung, bestätige ich den Kontakt nicht. Innerhalb solcher Netzwerke kann man durchaus zu einer Kultur der (Online-)Kommunikation beitragen. Es mangelt sowieso in allen sozialen Netzwerken in meinen Augen an einer Kultur der Auswahl, der Beschränkung. Mein eigenes Prinzip ist im Laufe der Jahre noch strenger geworden: Ich verlinke mich nur, wenn es mit der Person zuvor eine Begegnung oder ein persönliches Gespräch gab. (Es gibt einige wenige Ausnahmen.) Auf diese Weise bleibt mein Netzwerk klein, aber die Kontakte sind handverlesen. Personen, die 1000 und mehr Kontakte ihr Eigen nennen, sind mir äußerst suspekt.

Noch steckte ich in den Kinderschuhen, was Online-Netzwerke anging. Sieh mal einer an, da gab es auch Gruppen. Die Anzahl der möglichen Gruppen, denen man beitreten konnte, überforderte mich jedoch komplett. Von *Frauen vernetzt in der ostwestfälischen Wirtschaft* über *Texterverband*, *Vegane Unternehmer/innen*, *Vereinigung Alte Musik* bis hin zu *Dolphin Conservation Lobby* war alles vertreten. Ich stöberte in einigen Foren der Gruppen herum und entschied mich, einer Berliner Gruppe aus dem Wirtschaftsbereich beizutreten. Prompt flatterte mir eine Einladung zu einem Gruppen-Treffen in den Posteingang. Es sollte ein großes Treffen in Berlin sein, also physisch existente Leute, mit denen man von Angesicht zu Angesicht würde sprechen können. Ich malte mir zahlreiche Gespräche über mein Texter-Business aus, wie meine Gesprächspartner entzückt lauschen würden und es am Ende Aufträge hageln würde. Die Einladungsliste der Veranstaltung zeigte 537 Teilnehmer an. Wie sollte ich da die richtigen Personen finden? Ich würde als Einzelne schlicht untergehen an dem Abend. Dennoch meldete ich mich für den Termin an und vermied es, das Übliche »Freue mich auf die Veranstaltung« in meiner Zusage zu posten, so wie es 90 Prozent der anderen Teilnehmenden taten. Stattdessen wählte ich eine ungewöhnliche Formulierung und setzte einige Schlüsselwörter zudem noch in auffällige Großbuchstaben:

»Wer KNUSPRIGE TEXTE braucht, ist bei TEXT VAN LAAK an diesem Abend richtig. Wir backen Ihnen Á LA POINT frische TEXTHAPPEN für Ihren Unternehmensauftritt.«

So hielt ich es mit allen Zusagen zu Veranstaltungen, und wie ich später erfuhr, war es für einige Teilnehmer ein Spaß, die Listen nach meinen flotten Formulierungen abzusuchen. Ich wählte übrigens bewusst die Pluralform *wir*, um mich von vorneherein als mehrköpfige Agentur zu etablieren. Richtig gemacht. Denn auch wenn ich niemanden fest anstellte, so arbeitete ich schon im ersten Geschäftsjahr intensiv mit anderen Freelancern zusammen, die ich sorgfältig zu Teams zusammenstellte. Ich war ein flexibles Unternehmen, und dazu gehörten bewegliche Mitarbeiter.

Hier hatten wir also mindestens 500 Teilnehmer auf der Veranstaltung. Meine Strategie, um den Überblick zu behalten (und diese Methode wende ich heute ebenfalls an):

Ich ging die gesamte Liste der Mitglieder durch, die für die Veranstaltung zugesagt hatten. Alle diejenigen, die mir interessant erschienen (Agenturen, Unternehmen mit Bedarf an Kommunikation, Existenzgründer usw.), pickte ich heraus, studierte ihre Profile sorgfältig und druckte mir eine Liste der Auserwählten aus, die ich später gezielt ansprechen wollte.

Mit meiner Liste von insgesamt zwölf Teilnehmern machte ich mich zwei Wochen später im Businessoutfit auf den Weg. Ich hatte mir noch ein Namensschild mit meinem Logo ausgedruckt, das ich in ein schickes, kleines Display schob, das ich mir an meine Anzugjacke gesteckt hatte.

Die Veranstaltungshalle war riesig. Am Eingang knubbelte sich alles, ich reihte mich in die Schlange der Wartenden ein und schaute mir die Menschen genauer an. Geschäftsleute im klassischen Outfit waren in der Überzahl. Dunkle Anzüge, Kostüme, die Frauen etwas legerer gekleidet als die Männer, das Übliche halt. Aber auch ein paar Paradiesvögel dazwischen, Künstler, Filmschaffende, Musiker? Vor mir ein großer schwarzer Anzugrücken, hinter mir ein griesgrämig dreinblickender Kerl in den Fünfzigern, grauer Anzug, Hemd für diesen Anlass etwas zu weit offen. Die Menschen vor mir in der Schlange bekamen alle ein lieblos gestaltetes selbstklebendes Namensschild ans Revers gepappt – ich war gespannt, ob mein Name wohl richtig geschrieben war. Der Mensch hinter mir atmete immer wieder tief ein und blies die Luft zwischen seinen Zähnen heraus. Dazu schlug er mit seiner flachen Hand in kurzen Rhythmen auf seinen Oberschenkel.

Endlich war ich an der Reihe. Mein Name wurde auf der Gästeliste rasch abgehakt, das Klebeschild (Name war fehlerfrei) abgelöst – und ich bat die Hostess, mir das Schild mitten auf den Rücken zu kleben, denn vorne an meiner Jacke prangte ja bereits mein schickes »Text: van Laak«-Schild.

»Das hat ja noch nie jemand verlangt, ist ja lustig«, kommentierte sie.

Ich drehte mich mit dem Rücken zu ihr, dabei trafen sich meine Blicke mit denen des Herrn, der in der Schlange nach mir kam. Er drehte seinen Kopf abrupt zur Seite, guckte dabei genervt nach oben.

Ich jedoch wusste, dass ich nun auch mit Namen ansprechbar sein würde, wenn ich zahlreichen Gästen den Rücken zuwandte – und in der Tat wurde ich an dem Abend mehrere Male belustigt und neugierig »aus dem Off« angesprochen und hatte sofort Gesprächsstoff. Später bemerkte ich unter den Besuchern sogar einen Nachahmer.

Ich sah noch im Augenwinkel, dass der Herr hinter mir sein eigenes Namensschild entgegennahm, gleich zerknüllte und auf den Boden warf – komischer Typ, dachte ich.

Der Saal war ein gesichtsloses Monstrum, in dem sich unübersichtlich verteilt verschiedene Sitzgruppen befanden. Es war brechend voll.

In der Mitte befand sich eine Bar als rettende Insel, die mit ihrem umlaufenden, ovalen, ganz in feuerrot gehaltenen Tresen für alle Umherirrenden eine Orientierung und für manchen nach entsprechendem Cocktail-Konsum auch den erwünschten Halt bot.

Ich holte mir erst einmal ein Glas Mineralwasser, an dem ich mich festkrallen konnte, während ich mich umschaute. Überall Menschen, die sich entweder zu kennen schienen oder bereits beim Networking waren. Ich hielt meine Liste krampfhaft umklammert und begann mit Position 1. Ein Agenturchef, flottes Foto, mit Bedarf an Projektsteuerung, Übersetzern und Grafikdesignern. Nicht haargenau das, was ich machte, aber egal – Agenturen waren potenzielle Auftraggeber für Text und Redaktion, also ran an die Buletten, wie es bei uns in Berlin so schön heißt.

Ich guckte mir die Augen aus dem Kopf und konnte den Herrn nicht finden. Ich fragte auch den ein oder anderen Gast, in der Hoffnung, er möge ihn zufällig kennen oder es würde sich ein Gespräch ergeben, aber meistens wurde ich nur blöd angeguckt, wie ich da mit meiner Liste umherlief. Alle schienen zu kontakten, zu reden, sich zu amüsieren, nur ich nicht. Ich beschloss, Person 1 auf der Liste zunächst hintanzustellen.

Mir fiel eine große, schlanke Blondine in knappem Rock auf, die sich in makelloser Pose in einen Ledersessel hineingegossen hatte. Ihre langen Beine waren auf diese perfekte Weise hoch oben an den Knien übereinandergeschlagen und dann parallel gelegt – immer, wenn ich versuche, das genauso zu machen, schnürt es mir irgendwie das Blut ab. Aber sie, sie konnte das, und wie. Sie trug ein enges Oberteil mit Reißverschluss, der so weit aufgezogen war, dass man den Ansatz der schwarzen Spitze ihres Balconett-BHs erkennen konnte. War das Zufall oder Absicht? Die Männer jedenfalls freute dieser absichtliche Zufall, und um sie herum gruppierten sich einige, die eifrig das Gespräch mit ihr suchten.

Welches Business sie wohl machte? Wozu war sie hier? Sie schien so souverän, dass ein Kontakteknüpfen für sie gar nicht notwendig schien.

Diese Frau sah ich übrigens auf jedem Treffen dieses Business-Netzwerkes wieder, das ich später noch besuchte. Sie stand im Alphabet der Gästeliste stets ganz in meiner Nähe. Ich habe nie ganz begriffen, was sie geschäftlich machte; im Sommer sah ich sie einige Male im offenen

Coupé davonbrausen, ihr weißer Seidenschal schlängelte sich im Wind. Im Winter saß sie – wenn es die Location hergab – in einem tiefen Ledersessel am Kamin, ein Zigarillo in der Hand. Sie war immer eine auffallende Erscheinung – und wie sich herausstellte, immer auf der Suche. Nicht nach Kunden, nicht nach Projekten, nicht nach Investoren, nicht nach Ideengebern, sondern nach einem Mann. Ob ihr das letztendlich gelungen ist, weiß ich nicht, denn mittlerweile sind meine Besuche bei solchen Treffen selten geworden, was ein gutes Zeichen ist. Denn Anfragen von Kunden kommen auch so. Was wiederum nicht bedeutet, dass ich nicht in anderen Netzwerken aktiv bin.

Wer sich vor Ort einen Ruf für sein Produkt, seine Dienstleistung erarbeiten möchte, sollte sich an mindestens einem lokalen Netzwerk beteiligen. Das kann ein Branchen-, Kreativ- oder Frauennetzwerk sein. Überprüfen Sie Ihre eigene Motivation, sich in einem oder mehreren Netzwerken zu engagieren. Wer dort nur aus Pflichtbewusstsein hingeht, um seine Nase zu zeigen, wird das auf Dauer ermüdend finden. Noch unangebrachter finde ich solche Besucher, die nur auf neue Aufträge aus sind und dabei nicht links, nicht rechts schauen. So gedeihen gute Netzwerke nicht. Es geht nicht darum, den Mitbewerber auszustechen, sondern mit anderen Unternehmern ins Gespräch zu kommen und so auch den regionalen »market place« kennenzulernen. Wie heißt es so schön im Cluetrain-Manifest? »Märkte sind Gespräche.« Dies ist das erste Statement in einer Sammlung von 95 Thesen, die sich mit der Beziehung der Menschen untereinander und zu Unternehmen bzw. den Märkten beschäftigen. Vier Web-Spezialisten aus Silicon Valley waren 1999 vorausschauend genug, um den Wandel in der Kommunikation im Zeitalter des Internets zu erkennen und sich damit auseinanderzusetzen. Es ist nach wie vor sehr lohnenswert, sich das Cluetrain-Manifest anzuschauen, um etwas Grundlegendes darüber zu erfahren, wie sich Business im Sinne des Kunden gestalten lässt.

Es ist auch nicht verkehrt, sich in überregionalen Netzwerken zu tummeln. Dazu gehören zum Beispiel Branchenverbände, informelle Zusammenschlüsse von anderen Kreativen oder spezifische Netzwerke wie der VdU, der Verband der Unternehmerinnen, oder das international operierende Netzwerk EWMD (European Women's Management Development), das eine Plattform für den qualifizierten Austausch von aktuellen Entwicklungen im Management bietet. In der Regel haben diese Netzwerke sehr aktive Ortsgruppen, denen man sich anschließen kann. Sich selber in solchen Zusammenhängen zu engagieren zeugt auch von einer Form der Solidarität untereinander. Man lernt die Arbeit der anderen kennen und schätzen, tauscht sich aus, empfiehlt sich gegenseitig, macht Leute miteinander bekannt – ohne dabei auf den eigenen Vorteil zu schauen. Auch Mitarbeiter lassen sich über Netzwerke gut rekrutieren. Konkurrenzängste sind fehl am Platze, was zählt, sind verlässliche Beziehungen untereinander, denn zusammen sind wir stark. Ich arbeite selbst gerne mit anderen Textern zusammen, die ich in meine Projekte einbeziehe und deren Meinung ich mir anhöre. Sollte ich einen Auftrag nicht übernehmen können, zum Beispiel aus Zeitmangel oder weil ein bestimmtes Expertenwissen vorausgesetzt wird, weiß ich durch meine Mitgliedschaft in Netzwerken schnell, wer den Job machen könnte. Gegen eine Provision gebe ich den Auftrag weiter, und beiden Seiten ist damit gedient.

Ein weiterer wichtiger Aspekt innerhalb von Netzwerken ist das Ehrenamt, der Charity-Gedanke. Was in großen Unternehmen die CSR, die Corporate Social Responsibility, ist, steht auch dem eigenen, kleinen Unternehmen gut. Es macht Sinn, die eigene Expertise, die eigenen Kontakte, das persönliche Interesse dafür zu nutzen, um Gutes zu bewirken. Ob das eine kostenfreie Berufsberatung für unschlüssige Schulabgänger ist, die Sie mit anderen Mitstreitern auf die Beine stellen, oder das Sammeln von warmer Kleidung für Obdachlose oder die finanzielle Unterstützung des örtlichen Frauenhauses – es gibt vielfältige Möglichkeiten, sich zu engagieren. Viele Netzwerke bieten dazu gute Plattformen. Und ganz nebenbei wird der eigene (Firmen-)Name vom Umfeld mit etwas Positivem assoziiert.

Eine volle Stunde war ich nun schon auf diesem Netzwerkmeeting unterwegs, und der Saal wurde immer voller. Meine Liste zeigte auf Position 2 eine Frau an, die Unternehmensmagazine herausbrachte. Die Dame brauchte sicherlich eine Texterin. Das kleine Profilfoto auf meinem Ausdruck zeigte sie mit sehr kurzen Haaren und einer ungewöhnlichen Brille. Diese Frau musste doch zu finden sein.

(Ich lernte aus diesem Abend: Die mühselige Suche kann man sich ersparen, wenn man mit der Liste von denjenigen, die man sprechen möchte, ungefähr eine Stunde nach Beginn des Meetings direkt zum Veranstalter geht und dort nachfragt, ob der oder diejenige bereits da ist. Oft kennt der Veranstalter die Gesichter besser und kann einen dann direkt mit der Person bekannt machen. Oder er schaut nach, wer sein Namensschild bereits abgeholt hat und wer nicht.)

Weit hinten im Saal sah ich eine Frau, die Position 2 sehr ähnlich sah und die gerade einen Cocktail schlürfte. Ich sprach sie direkt an: »Frau Medler? Petra van Laak, ich bin Texterin, vielleicht können Sie meine Dienstleistung gebrauchen?«

Frau Medler fühlte sich etwas überrumpelt, war aber nicht abgeneigt, sich anzuhören, was ich zu bieten hatte. Ich erzählte von meinen vielen Kunden (einen bisher), von meinem breit aufgestellten Portfolio (das bisher noch nie zum Einsatz gekommen war), von meinen ansprechenden Geschäftsräumen in Potsdam (das ungemachte Bett im Hintergrund des Schreibtischs vor Augen) und von meiner großen Flexibilität als Einzelunternehmerin (von den vier Kindern mal abgesehen). Visitenkarten wurden getauscht, gegenseitiges Anrufen wurde einander versichert, ein freundlicher Blick, und ich ging weiter auf die Pirsch.

Diese Art des Netzwerkens ist nicht jedermanns Sache. Es geht auch anders, ist aber aufwendiger. Und um das Anpreisen der eigenen Leistungen kommt man als Existenzgründer nun einmal nicht herum. Es hat keinen Zweck, mit dem, was man kann, hinterm Berg zu halten. Raus mit der Sprache, zeigen, was man draufhat! Am besten im direkten Gespräch.

Die Personen, die ich an diesem Abend kontaktiert hatte, bat ich sofort am nächsten Morgen per Mail um die Bestätigung meines Kontaktes. Da die Erinnerung an den Abend noch taufrisch war, wusste jede Person sofort, wer ich war, und bestätigte meine Anfrage. Ich fasste einen Monat später freundlich nach, indem ich von einem neuen Projekt berichtete, das in seiner Aufgabenstellung eventuell zum Bedarf des von mir Angeschriebenen passen könnte. Jede Nachricht formulierte ich individuell. Es dauerte dennoch zehn

Monate, bis sich aus meinen ersten *XING*-Kontakten ein kleiner Auftrag ergab. Man braucht einen langen Atem, aber irgendwann zahlt es sich aus. Es gibt übrigens zahlreiche Seminar-Angebote von digitalen Business-Netzwerken, die in die Kunst des virtuellen Verknüpfens einführen. Ich selbst habe nie an einem solchen Seminar teilgenommen, weil mir das echte Leben da draußen immer näher war als das Online-Netzwerken. Andere Unternehmer sagten mir aber, dass sie eine Menge bei solchen Seminaren gelernt haben.

Der Abend war noch lange nicht zu Ende. Ich suchte und fand und redete, Visitenkartenaustausch und weiter. Im Nu waren drei Stunden rum, die ersten Gäste gingen bereits, viele hockten jetzt in Grüppchen zusammen, die Blondine mit dem perfekten Beinüberschlag lachte laut, und ich hatte alles abgearbeitet, mit jedem auf der Liste gesprochen, bis auf Nummer 1, aber das war mir inzwischen auch egal. Meine Füße taten weh, mein Hals fühlte sich rauh an vom vielen Sprechen. Jetzt konnte ich mir doch ein Glas Weißwein gönnen! An der roten Bar saßen kaum noch Leute. Ich trat an den Tresen, neben mir sah ich einen gekrümmten Rücken in einem grauen Jackett, richtig, der Mann aus der Warteschlange am Eingang, der genauso unzufrieden guckte wie zuvor. Der Barkeeper war noch am hinteren Ende des Tresens beschäftigt, also zog ich meine Liste hervor und beschloss, meinen Sitznachbarn nach der Nummer 1 zu fragen.

»Wissen Sie vielleicht, wo ich diesen Herrn hier finden könnte?«

Der Mann warf einen kurzen Blick auf meine Liste, er fand dieses ganze Listen-Ding offenbar total daneben. Dann schaute er noch einmal genauer hin und guckte mich wieder an. Seine Schlupflider zog er etwas hoch, in seinen Augen lag ein Ausdruck aus Spaß und Spott.

»Gestatten. Ammon.«

Ich traute mich nicht, nachzufragen. Sollte er der von mir gesuchte Herr Ammon sein? Zwischen dem Foto eines erfolgreichen, jungdynamischen Agenturchefs und diesem frustrierten, unrasierten Mittfünfziger lagen Welten.

»Äh, ich heiße Petra van Laak, schön, dass ich Sie gefunden habe.«

»Dass Sie van Laak heißen, ist ja vorne und hinten nicht zu übersehen«, entgegnete er. »Sagen Sie mal, nach welchen Kriterien haben Sie Ihre Liste denn geordnet?«

Und dann passierte das, was mir immer mal wieder passiert: Mir rutschte eine Antwort heraus, die dazu führen kann, dass ich die Situation komplett vermassele.

»Kriterien? Nach Schönheit natürlich, Sie sind die Nummer 1.«

Ich hätte mir die Zunge abbeißen können. Hier saß der mit Abstand abgehalftertste Kerl der gesamten Businessveranstaltung vor mir, und ich sagte einen solchen Satz.

Herrn Ammon muss meine Antwort äußerst bizarr vorgekommen sein. Er guckte mich an, seinen rechten Arm auf den Tresen gestützt. Mittlerweile war der Barkeeper an uns herangetreten. Ohne den Kopf zu wenden, sagte Herr Ammon: »Darauf geb ich einen aus. Was nehmen Sie? Ich nehme einen doppelten Lagavulin mit einem kleinen Stück Eis.«

Wir gehörten zu den letzten Gästen. Die Veranstalter räumten geräuschvoll Computer, Stellwände und dies und das zusammen, bis wir beide an der Bar verstanden, dass es an der Zeit war zu gehen.

Herr Ammon hatte mir von seiner großen Agentur erzählt, davon, wie satt er es hatte, unter Termin- und Zeitdruck zu stehen, dass er nur zu dieser Veranstaltung gegangen sei, um nicht zu einem Kundendinner erscheinen zu müssen. Er habe mit vierzig noch originelle Gedanken gehabt, sei voller Tatendrang gewesen, habe 60 bis 80 Stunden die Woche gerackert, Multitasking und dieser ganze Mist. Mittlerweile sei seine Ehe in die Brüche gegangen, seine Frau mit den Kindern nach München gezogen, er sei dauernd müde, und ihn kotze das alles nur noch an. Den Laden verkaufen müsse man, sich absetzen, was anderes machen, schließlich könne es jederzeit zu Ende gehen.

Während unseres Gesprächs (es war eher ein Monolog) wich zwar die Frustriertheit nicht aus seinen Zügen, aber es trat etwas ursprünglich Freundliches hervor, vielleicht ein Teil seines Seins von Damals, als alles noch verheißungsvoll gewesen war. Ich war nun selbst Anfang vierzig, war dabei, meine Existenz aufzubauen – wo würde ich mit Mitte fünfzig stehen? Ich wurde immer nachdenklicher, Herr Ammon immer aufgekratzter.

Wir verabschiedeten uns herzlich – und sahen einander nie wieder. Wie ich zwei Jahre später über eine andere Agentur erfuhr, hatte Herr Ammon sich nach dem Verkauf seines Unternehmens nach Schottland begeben, auf der Insel Islay ein eigenes Whiskyfass gekauft, das er wöchentlich besuchte und dessen Reifeprozess er zärtlich überwachte. Der Erlös aus dem Agenturverkauf reichte ihm, um in einem bescheidenen Studio mit Blick auf die regengepeitschte schottische See zu wohnen und sich durch die Bibliothek der anglikanischen Kirchengemeinde zu lesen. Ich vermute, dass er reines Monotasking betreibt und glücklich ist.

Zu Hause angekommen, machte ich meinen Kinder-Kontroll-Rundgang – alle schliefen tief und fest –, und dann setzte mich an den Rechner. Ich loggte mich bei *XING* ein und tauschte mein geschöntes Profilbild gegen ein aktuelles Foto aus, das mich weniger gut frisiert, mit mehr Falten, aber als Anfang 40-Jährige zeigte, die in den vergangenen fünf Jahren einiges durchgemacht hatte. Sollte mich jemals auf einem Netzwerktreffen ein übereifriger junger Existenzgründer auf der Suche nach Aufträgen ausfindig machen wollen – er sollte mich schneller finden können als ich Herrn Ammon.

Da geht doch alles drunter und drüber!

Oder warum die Kombination von Humor und Gelassenheit unschlagbar ist.

Wie soll das eigentlich alles gehen? Ein Haushalt mit vier Schulkindern, von denen das eine mehr, das andere weniger Begleitung braucht, lauter Familienaktivitäten, die es zu koordinieren gilt, dazu noch Einkaufen, Kochen, Waschen, Saubermachen – und das soll alles auf meinen beiden Schultern allein lasten?

»Wie oft kommt denn Ihre Putzfrau?« – Nie, denn ich habe keine.

»Ihre Mutter schaut doch bestimmt öfter vorbei, um zu helfen?« – Erstens wohnt meine Mutter 550 Kilometer weit entfernt, und außerdem würde ich mit ihr Kaffee trinken und klönen und sie niemals meine Bude putzen lassen.

»Da sind Sie sicher sehr überlastet?« – Nein, ich habe nämlich vier Kinder. Und die können mithelfen.

Zwar hätte ich liebend gerne sofort eine Haushaltshilfe eingestellt, aber als Existenzgründer sollte man sich jede Ausgabe genau überlegen. Ist das notwendig? Meist nicht. Oft wird einem aber die Entscheidung abgenommen – weil man es finanziell sowieso nicht stemmen kann. Meine Gedanken in puncto Putzfrau gingen jedoch eher in diese Richtung: Da habe ich vier gesunde, kräftige Heranwachsende zu Hause – wieso sollen die nicht putzen und den Haushalt machen können? Schließlich machten die vier (und ihre unzähligen Freunde, die bei mir stets willkommen sind) den meisten Dreck, waren Verursacher der großen Wäscheberge, sorgten dafür, dass unsere Spülmaschine täglich zweimal lief.

Zeit für einen Familienrat. Programmpunkt Putzen und Haushalt. Diese Themen sorgten von vorneherein für Zündstoff, und so schaute ich in vier missmutige, schlecht gelaunte Gesichter.

»Mama, wir finden das bescheuert, wenn du uns plötzlich sagst, wir sollen dies oder jenes sauber machen.«

Allgemeine Zustimmung. Immer wieder gilt im familiären Zusammenleben: Kinder hassen Willkür. Das, was wir einst als Kinder noch klaglos hinnahmen (Petra, du mähst jetzt den Rasen. Du gehst jetzt einkaufen. Du deckst jetzt den Tisch.), gerät heutzutage in den überdemokratisierten Elternhäusern sofort zum Machtkampf, wenn es nicht vorher geregelt oder irgendwie abgesprochen wurde.

»Gut, Kinder, also machen wir eine Liste mit Putzaufgaben.«

»Nee, Mama, es reicht uns mit dem Putzen. Wieso haben wir nicht eine Putzfrau wie alle anderen auch?«

»Moment, alle anderen?«

»Ja, alle aus meiner Klasse …«

Das kam mir bekannt vor. Alle aus der Klasse meines Sohnes hatten einen MP3-Player. Alle in der Klasse der Tochter durften »Germany's Next Topmodel« sehen. Alle anderen in der Schule fuhren drei Mal im Jahr in Urlaub.

»Das Alle-anderen-Argument gilt nicht, wisst ihr doch. Also, eine Hilfe im Haushalt kostet Geld. Was schätzt ihr, wie viel?«

Alle waren still. Der Älteste meldete sich zu Wort:

»Ähm, also stundenlohnmäßig? So angestellt oder … ähm … schwarz beschäftigt?«

Große Fragezeichen bei Millie und Till. Ich erklärte meinen Schützlingen in einem Kurzreferat den Unterschied zwischen sozialversicherungspflichtigem Job und verdammungswürdiger, weil moralisch verwerflicher Schwarzarbeit, von fairem Arbeitgeberverhalten und Ausnutzen von schlecht bezahlten Billigkräften und Vater Staat, von prekären Arbeitsverhältnissen, von Steuerhinterzieh–

»Reicht, Mama, bitte nicht wieder agitieren. Also nicht schwarz.«

Wir einigten uns auf einen Stundenlohn von 10 Euro, dazu kam die Sozialabgabe, ein kleiner Beitrag zur Berufsgenossenschaft, also waren wir bei mindestens 12,50 Euro die Stunde. Wir rechneten vorsichtshalber mit 13,50 Euro Stundenlohn.

»Wie oft brauchen wir die denn?«, fragte Millie.

»Mindestens einmal die Woche«, warf Till ein. »Ich hab zwei Mal die Woche Training, und da schmeiße ich meine Sachen immer in die Ecke, das heißt, nach einer Woche ist die Zimmerecke schon ranzig.«

Sag jetzt besser nichts, ermahnte ich mich im Stillen.

»Okay, Leute, einmal die Woche, wie viele Stunden soll die denn kommen?«, griff Frieda ordnend ein.

Wir beschlossen nach einer viertelstündigen Diskussion die Koordinaten: 16 Stunden im Monat, sozialversicherungspflichtig beschäftigt, 13,50 Euro die Stunde.

»Au Backe, macht 216 Euro. Hm.«

Stille am Küchentisch. Ich ließ das Ganze erst einmal sacken und kam dann mit einem Vorschlag.

»Ich übernehme 116 Euro – bleiben 100 Euro, für die ihr zuständig seid.«

»Wahnsinn, 25 Euro soll ich zahlen, damit wir eine Putzfrau haben? Wie uncool ist das denn?!«, brüllte Till.

Cooler jedenfalls als die ranzige Ecke mit deinen schweißgetränkten Trikots in deinem Zimmer, dachte ich.

Das Ergebnis unserer Familienratssitzung: Keinem der Kinder war die auswärts eingekaufte Putzleistung 25 Euro im Monat wert. Die Jüngeren hätten zudem einen Job annehmen müssen, damit sie die zusätzliche Ausgabe überhaupt hätten machen können. Die Älteren hätten sich mit ihrem Monatsbudget deutlich beschränken müssen.

Die einhellige Meinung lautete: lieber selber putzen. Wenn eine Putzhilfe vier Stunden wöchentlich bei uns zu tun hätte, bedeutete dies auf uns übertragen: nur eine einzige Stunde Putzzeit pro Woche für jedes Kind. Machbar, beschlossen alle. Und dann wurde genau verteilt, wer für das Bad, die Toilette, die Küche usw. zuständig sein sollte. Um das eigene Zimmer musste sich jeder selbst kümmern.

Aber was ist mit diesen Kleinkram-Aufgaben, die immer tunlichst vermieden werden und gegen die alle eine Aversion hegen? Wieso klappt das Flaschenwegbringen nicht, das Fegen des Eingangsbereichs?

»Weil wir das einfach *hassen*, Mama!«

»So. Hm. Was hasst Ihr noch?«

»Herd sauber machen. Treppenhaus wischen. Müll runterbringen.«

»Man wird voll depri, wenn man plötzlich noch so einen Scheiß zum Putzen dazu machen muss«, hieß es.

Wir richteten eine gesonderte Liste ein, überschrieben mit »Hassaufgaben«. Sie wurde unabhängig von den anderen festgelegten Putzdiensten geführt. Bei den Hassaufgaben war jeder der Reihe nach dran, ich eingeschlossen. Diese Aufgaben wurden nach Bedarf, ohne festen Termin erledigt. Aufgrund der Liste, die neben den vier Stundenplänen auf der Küchenschranktür klebte, konnte man immer gleich erkennen, wer als Nächster Hassenswertes zu tun hatte und wie oft das Unausweichliche noch vor einem selbst lag. Ausdrücklich erlaubt war es, bei der Erledigung der Hassaufgabe zu fluchen, zu jammern, laut Musik zu hören usw. Jeder hatte für den Armseligen, der gerade eine Hassaufgabe zu bewältigen hatte, großes Verständnis. Ich stimmte einmal einen lauten, arabisch anmutenden Klagegesang an, als ich mit Treppenhauswischen dran war. Die Kinder schossen alarmiert aus ihren Zimmern, sahen den Grund für mein Wehklagen und mussten lachen. Einmal drehte Jonas seine Anlage in Disco-Lautstärke auf und hörte Heavy-Metal-Musik, die sehr hasserfüllt rüberkam und offensichtlich seinem Gemütszustand entsprach.

»Lass fünfe gerade sein«, murmelte ich mir dann selber zu und fahre bis heute ziemlich gut damit. Natürlich ging es mal mehr, mal weniger gut. Dennoch war eine grundsätzliche Kooperationsbereitschaft vorhanden, weil die Lösung für das Putzproblem gemeinsam entwickelt und die Entscheidung demokratisch getroffen worden war. Auf diese Weise lassen sich übrigens nicht nur daheim die Familienteams gut steuern, sondern dieses Prinzip lässt sich ebenso auf Mitarbeiterführung in Unternehmen übertragen. Selbstverständlich muss der Chef immer das letzte Wort haben. Häufig ist das aber gar nicht mehr nötig.

Vor kurzem habe ich mir zwei Stempel angeschafft. Der eine zeigt einen hochgereckten Daumen mit dem unverkennbaren blauen »Gefällt mir«-Schriftzug. Der andere Stempel hat folgerichtig den Schriftzug »Gefällt mir nicht«, Daumen runter. Ich habe mit beiden Daumen-Varianten kleine weiße Zettel bestempelt und lege diese Zettel der aktuellen Haushaltssituation entsprechend aus. Welchen von beiden Stempeln ich häufiger einsetze, wird nicht verraten ...

Die verteilten Aufgaben waren eine riesige Erleichterung für mich. Dennoch war dies ja nur ein kleiner Teil des Familienkosmos, den es parallel zum Aufbau der Selbständigkeit zu organisieren galt. Wie sollten wir es zum Beispiel mit dem Kochen halten? Zeit, das eigene Ideal (alle sitzen abends am Tisch, Mama hat ein leckeres Essen gekocht) kritisch zu beäugen. Ist das eigentlich meldepflichtig, wenn Mutti nicht jeden Abend in der Küche steht und für ein warmes Essen sorgt? Die Kinder waren doch eigentlich alt und intelligent genug, um selbst zu kochen. Wir besprachen auch dies im Familienrat.

»Aber dann brauchen wir auch richtig schöne Kochbücher.«

»Wo alles in Bildern erklärt wird, ich habe keine Lust, lange Texte zu lesen.«

»Ich will was Vegetarisches kochen.«

»Ich mach den Nachtisch.«

Ich kümmerte mich um die gewünschten Bücher und um eine geduldig moderierte Einführung in die Grundregeln des Kochens (und des anschließenden Aufräumens der Küche). Schnell stellten sich Spezialisten heraus: Jonas sorgte für Veggie-Food, Frieda steigerte sich in die Patissier-Kunst hinein, Till konnte und wollte nur Spaghetti bolognese kochen, Millie war Apple-Pie-Fanatikerin. Zu wenig Abwechslung? Na und, es gab ja schließlich noch die Schulspeisung. Und mich. Denn ich war für die Mahlzeiten am Wochenende zuständig.

Tatsächlich war das Organisieren zweitrangig, was die geballten Aufgabenpakete anging. Wichtiger waren und sind Humor und Gelassenheit. Lieber sah ich großzügig über eine unordentliche Küche hinweg und ging stattdessen eine heilsame halbe Stunde lang mit der Jüngsten im Mietergarten Federball spielen. Mir gefiel es besser, mit meiner plappernden Tochter zusammen zu sein, als die leere Freude über eine tadellos aufgeräumte Wohnung zu empfinden. Ich hatte mich vom Perfektionismus (im Haushalt) schon längst verabschiedet, und genau deshalb konnte ich gut an die Kinder delegieren. Alle Prozesse hatte ich transparent gestaltet und besaß ein unerschütterliches Vertrauen in die Fähigkeiten meiner Kinder. Im Grunde gilt diese Haltung ebenso für die Führung eines Unternehmens. Die Firma Vorwerk lässt in seinem Fernsehspot die mehrfache Mutter passenderweise sagen: »Ich führe ein sehr erfolgreiches, kleines Familienunternehmen.«

Jonas, Frieda, Till und Millie sind ganz normale Kinder. Sie sind ein bisschen wie ein Wolfsrudel, denn auch Wölfe arbeiten in Teams. Sie vertrauen grundsätzlich ihrem Leittier, aber sie bilden auch Allianzen und greifen den Leitwolf an. Wenn die vier sich gegen mich verbündeten – und das kam mehr als ein Mal vor –, fühlte ich mich einerseits angegriffen, andererseits war ich zufrieden, dass sich die Geschwister untereinander so gut verstanden. Diese Bindungen sind wichtig, und für Eltern gibt es nichts Schöneres zu sehen, als wenn sich Geschwisterkinder untereinander helfen und trösten oder miteinander diskutieren und planen.

Einmal rotteten sich meine kleinen Wölfe zusammen, und die Leitwölfin bekam einen neuen Namen: die Diktatorin. Egal, was ich für Zettel schrieb (»Bitte die Spülmaschine ausräumen«), irgendeines der Kinder kritzelte mit rotem Filzer darunter »Viele Grüße, Eure Diktatorin«. Wenn ich am Frühstückstisch auf einen Termin beim Kieferorthopäden hinwies, ergänzte irgendjemand: »Howgh. Die Diktatorin hat gesprochen.«

Ich beschloss, diese fragwürdige Bezeichnung zu akzeptieren, und unterschrieb jetzt selbst alle Zettel mit »Eure Diktatorin«. Richtig gemacht. Nach einer Weile hatten die Wölfchen genug von der Revolte.

Parallel dazu setzte unter den Geschwistern ein lebhafter Emissionshandel mit Haushaltsaufgaben ein. Dienste wurden hin und her geschoben, knallharte Bedingungen ausgehandelt, Notsituationen schamlos ausgenutzt. Ich war klug genug, mich nicht einzumischen.

»Du sagst mir, was du willst, und ich sage dir, warum du es nicht kriegst.«

Till lehnte lässig an der Küchenzeile und genoss seine – kurzfristige – Macht über den älteren Bruder. Ich musste mich zusammenreißen, um nicht in schallendes Gelächter auszubrechen. Es ging um irgendeine Hassaufgabe, die Jonas auf Till abwälzen wollte, jedoch schien Jonas' Ausgleichsangebot nicht hoch genug ausgefallen zu sein.

In dem Maße, in dem ich von meiner Unternehmung mehr und mehr beansprucht wurde, entwickelten sich die Kinder weiter und organisierten sich immer selbständiger.

Was sah ich da im Supermarkt? Meinen treuen Sohn, im Gefolge zwei seiner Kumpel, die genau wie er ausschwärmten, um die Einkaufsliste unserer Familie zügig abzuarbeiten, damit Till endlich frei hatte und sie alle um die Häuser ziehen konnten. Ich drückte mich in einen anderen Gang des Lebensmittelmarktes und schmunzelte vor mich hin. Das war nicht das erste Mal, dass Freunde tatkräftig mit anpackten. Millies Freundinnen hatten schon unsere Waschbecken geputzt, während Millie die Toiletten geschrubbt hatte, alles, damit der Fernseher für eine neue Folge von GNTM rechtzeitig eingeschaltet werden konnte. Hoffentlich waren die Eltern dieser netten, zupackenden Kinder nicht insgeheim sauer auf mich ...

Überraschen Sie mich, Frau van Laak!

Oder wie ich lernte, mich gegen
überzogene Kundenerwartungen
zur Wehr zu setzen.

Eine Agentur, bei der ich mich kontinuierlich als flexibel arbeitende Texterin feilgeboten hatte (zwei Mal im Monat hatte ich mich durch Mails, spontane Besuche oder Telefonate in Erinnerung gerufen), bot mir ein Projekt an. Der Relaunch einer Produktreihe stand an. Der Kunde war Hersteller von Diätdrinks, die aber nicht so genannt, sondern als »Gesundheitsdrink« bezeichnet werden sollten. Sowohl die Gestaltung der Verpackung als auch der Internet-Auftritt sollten überarbeitet werden. Beim Webauftritt sollte stärker als bisher hervorgehoben werden, dass der Hersteller eine umfassende Beratungshotline anbot, die den Käufern die Entscheidung für den passenden Drink aus zehn Produktlinien erleichtern sollte.

Die Werbeagentur hatte schon mächtig Vorarbeit geleistet: In einem Arbeitstreffen waren der Ist-Zustand analysiert, die Zielgruppen neu definiert, die Alleinstellungsmerkmale herausgearbeitet und die konkurrierenden Mitbewerber unter die Lupe genommen worden. (In

Agentursprache: Sie hatten einen Workshop performed, current-state defined, target groups identifiziert, Unique Selling Propositions herausgearbeitet und das Benchmarking gemacht. – Merken Sie sich das lieber nicht.)

Jetzt war ein Meeting mit dem Hersteller der Gesundheitsdrinks vereinbart worden, in dem es um konkrete Designvorschläge und erste Texte ging, und zwar genau in der Reihenfolge. Wir trafen uns in den durchgestylten Loft-Räumen der Berliner Agentur. Bei meinen Klinkenputz-Runden war ich bisher nur bis zur Rezeption vorgedrungen. Hinter einem großzügigen, mit gebürsteten Edelstahlplatten verkleideten Halbrund saß eine dieser hippen jungen »Ich lebe in Friedrichshain«-Frauen, schwarz gefärbte Haare, fransiger Schnitt, ein nicht ganz glücklich sitzendes, aber extrem figurbetontes Kleid in Petrol, mit einem aufgestickten, stilisierten Kätzchen-Kopf auf der linken Brusttasche, kein Schmuck, wenn man von dem dezenten Nasenpiercing einmal absah. Sie war übersorgfältig geschminkt, ein wenig maskenhaft – ich frage mich immer, wie viel Zeit morgens in den Friedrichshainer Badezimmern für diese perfekte Malerei auf der Gesichtshaut geopfert wird.

Die junge Frau kannte mich schon und lächelte mich freundlich an, dabei entblößte sie einen kleinen Glitzerstein im Eckzahn. Über ihrem Kopf baumelte eine riesige Lichtinstallation: fünf alte Leuchtkästen für Röntgenbilder waren zu einer Art Mobile komponiert und gaben ihr eigentümliches Licht in das weite Foyer ab. Den Scheitel der Rezeptionistin umspielte eine leuchtende Aura, einem silbernen Heiligenschein nicht unähnlich.

»Konferenzraum 2, Sie werden erwartet«, sagte sie schon zu mir, als ich noch dabei war, auf ihren Empfangstresen zuzugehen. Ich bog mit einem Ausfallschritt zur Seite übergangslos in Richtung Aufzug ab. Sie kicherte ein wenig, ich fasste das als gutes Omen auf.

»Macht es Ihnen etwas aus, sich hier hinzusetzen?« Die Hand des Agenturchefs, Herr Turan, wies auf einen Sessel ganz außen am blankpolierten, ovalen Konferenztisch. Ich saß dadurch etwas eingeschränkt zwischen einer kleinen Tür zum Serverraum, aus dem das penetrante Rauschen der Lüftung drang, und dem sperrigen Flipchart. Durch meine Platzierung machte mir Herr Turan deutlich, welchen Rang ich in der Gruppe bekleidete.

Herr Turan war ein großer Mann mit gepflegtem Dreitagebart und der gräulichen Gesichtsfarbe starker Raucher. Er trug eine gigantische Hornbrille à la Georg Kreisler, aber gigantische Hornbrillen waren zu diesem Zeitpunkt noch nicht in, so dass dieses monströse Brillengestell ein wahrhaftiges Alleinstellungsmerkmal war. Er stellte mir seine Art-Direktorin Frau Plebs vor, eine unauffällige, fast schulmädchenhaft wirkende Frau um die dreißig. Sie war wie Herr Turan ganz in Schwarz gekleidet, und ich kam mir plötzlich mit meinem grasgrünen Rock und anthrazitfarbenen Kragenpulli ungeheuer provinziell vor.

Herr Turan trat ans Fenster und sah auf den Hof des alten Gewerbekomplexes hinunter. »Da kommen sie«, rief er Frau Plebs zu sich, und ich wagte auch einen Blick hinunter in das aufgeräumte Backsteinquadrat. Aus einem flachen BMW-Flitzer schwangen sich zwei junge Männer in dunklen Anzügen, Haare nach hinten gegelt, der eine kramte noch nach seiner Aktentasche, der andere sagte etwas, beide lachten. Mit großen, wippenden, sicheren Schritten gingen beide auf den Eingang der Agentur zu.

»Tom Richter, das ist der kleinere von beiden, St. Gallen, Saatchi & Saatchi, nebenbei in Aktien gemacht, hat vor vier

Jahren mit den Nahrungsergänzungszeug angefangen.« Herr Turan räusperte sich kurz, Frau Plebs und ich hingen an seinen Lippen.

»Backender, Vorname weiß ich nicht, der Größere. Mathe oder so am MIT in Boston, Programmier-Genie, ist, glaube ich, Ami. Wir sprechen am besten gleich Englisch.«

Ich spürte ein Kribbeln im Nacken, dann ein dumpfes Gefühl im Magen. Englisch? Wieso hatte mich niemand vorgewarnt? Jetzt auf einmal alles auf Englisch? Mein erster Impuls: weglaufen. Das war natürlich Quatsch. Ich atmete langsam und konzentriert, so dass jeder Yoga-Meister seine helle Freude gehabt hätte. Und wog ab: Wenn ich hier jämmerlich versage, dann bekomme ich den Job nicht. Ist das richtig, richtig schlimm? Nein. Mein Grad der Entspannung zauberte mir ein einfältiges Grinsen ins Gesicht, als die beiden Männer zur Tür des Konferenzraumes 2 hereinschlenderten. Herr Turan machte uns alle miteinander bekannt, aber schon beim zweiten »May I introduce …« lachte Herr Backender kurz auf.

»Wir können gerne Deutsch sprechen, es sei denn, Sie bestehen auf Englisch«, sagte er in akzentfreiem Deutsch. »Ich weiß auch nicht, warum immer alle denken, ich sei Amerikaner.«

Oh, ich hätte diesen Pseudo-Amerikaner küssen können. Vor lauter Erleichterung lachte ich eine Spur zu schrill auf und erntete einen irritierten Blick von Herrn Turan.

Immer wieder gibt es Momente, in denen ich für den Bruchteil einer Sekunde neben mir stehe und mich frage: Was mache ich hier eigentlich? Und am liebsten weglaufen möchte. Das passiert schon mal mitten in Kundengesprächen oder kurz vor einem Vortrag, den ich halten muss. Ich weiß mittlerweile, dass das normal ist, es ist so eine Art

Lampenfieber, das den Adrenalinspiegel hochtreibt, damit ich mein Allerbestes gebe und nur auf die Situation als solche fokussiere. Dennoch empfinde ich das als ungeheuer anstrengend und würde mich in solchen Momenten am liebsten in ein sachte vor sich hin schaukelndes Holzpaddelboot auf einem stillen märkischen See katapultieren. Um mich herum das Plätschern des Wassers im Schilf, der rhythmische Schlag der Schwingen eines Reihers, kleine Fische tummeln sich am Bug, und ich sitze nur da und schaue in den Himmel.

»… fangen wir mal an – Frau van Laak?«

Alle saßen bereits, ich drückte mich betreten auf den mir zugewiesenen Platz der Benachteiligten am dunklen Tischende.

Herr Richter eröffnete das Meeting.

»Wir wollen mit dem Relaunch ja auch die schlanken Kunden ins Boot holen. Jeder soll sehen, dass Gesundheitsdrinks uns alle angehen. Wir müssen weg aus dieser negativen Ecke, hin zum Wellnessgefühl.«

»Über eine neue Farbcodierung der Verpackungen können wir entsprechende Akzente setzen«, fügte Frau Plebs hinzu und sortierte dabei aufmerksam ihre vier Fineliner nach Helligkeitsgraden.

»Korrekt. Wir brauchen hammermäßig antörnende Farben. Machen Sie da mal einen Vorschlag fürs Farbschema, ja?« Jetzt wandte sich Herr Richter an seinen Partner.

»Was sagte Sabine noch mal, was war die Modefarbe auf den Shows in Mailand?«

»Aubergine und Armeegrün.«

»Aubergine, ja, Aubergine. Frau Plebs, machen Sie mal was mit Aubergine.«

Zu Herrn Turan: »Aubergine. In Ihrem Sinne?«

Herr Turan nickte eifrig.

»Sicher, das wird ein Knaller. Wir können das abstufen. Frau Plebs wird Ihnen etwas vorschlagen. Wir machen große Typo, serifenlose Schrift, plakativ, dazu ein passender Claim, eine Head, vielleicht noch mit Teasertext.«

Text! Das war mein Stichwort!

»Okay, aber nicht zu heavy werden. Wir haben es mit einem apothekennahen Produkt zu tun«, wandte Herr Richter ein.

»Man könnte doch …«, hob ich an, denn nun betraten die Diskussionsteilnehmer das Texter-Terrain, »… mit jeweils einer Über–« (Fehler. Ich gebrauchte das Wörtchen »man« und dazu den Konjunktiv. Schwächer geht es nicht.)

»Moment, bin noch nicht fertig«, unterbrach mich Herr Richter unwirsch. »Wir machen das mit der großen Schrift, shades of aubergine, Ziel ist die Wellnessecke. Martin, wie siehst du die Umsetzung der Website dazu?«

Martin Backender quälte sich aus seiner sehr bequemen Sitzhaltung heraus, um sich etwas gerader am Tisch zu halten. Er legte seine Unterarme auf der lackierten Tischplatte ab, seine Hände erreichten fast die Mitte des Konferenztisches.

»Wir übertragen das Farbschema auf den Internetauftritt, suchen uns die passenden Auszeichnungsfarben dazu. Im Backend ein skalierfähiges CMS, im Frontend extrem userfreundliche Bedienelemente. Muss mal mit meinen Jungs klären, ob wir Flash ganz weglassen.«

Wenn ich jetzt schon fast gar nichts von dem verstanden hatte, was Herr Backender da erklärte, kam ich in den darauffolgenden fünf Minuten Programmierer-Monolog überhaupt nicht mehr mit. War da nicht eben noch die Rede von Text gewesen? Wozu war ich da? Hatten die mich vergessen?

Ich lebte damals noch in der Vorstellung, dass der Kunde mich bitten würde, als Texterin meine Sicht der Dinge vorzutragen, um sich dann genau mit mir abzustimmen, was zu tun sei. Auf den Gedanken, dass ich mir – weil ich für die Worte und nicht für das viel stärker ins Auge fallende Design zuständig war – die Aufmerksamkeit in solchen Meetings meist selbst zu erkämpfen hatte, kam ich nicht.

Es folgte eine unübersichtliche Diskussion über Programmiersprachen und Pantone-Farben, bei der ich ein interessiertes Gesicht aufsetzte, aber mich vollkommen fehl am Platze fühlte. Ich wäre gerne meinem Impuls gefolgt und hätte die Runde verlassen, aber so schnell wollte ich nicht aufgeben. Jeder verdiente Euro zählte. Jeder eingenommene Cent zählte. Da musste ich es eben aushalten, dass ich in dieser Runde nicht zählte.

»Gehen wir doch ins Temps Perdu, was meinen Sie, Herr Richter? Herr Backender?«, fragte Herr Turan, als etwa 90 Minuten vergangen waren. »Danach machen wir weiter. Wir müssen noch über die Installation der Hotline reden und die Möglichkeit, Anfragen auch online stellen zu können.«

Mein Blick auf die Uhr: 14.30 Uhr. Ich hatte für diesen Termin mit Hin- und Rückfahrt nach Hause vier Stunden eingeplant, und die waren jetzt um. Meine Güte, wenn ich mir wie diese Kerle immer so viel Zeit lassen würde, würde ich ja gar nichts schaffen. Ich hatte noch einen Puffer von einer Stunde eingebaut, für alle Fälle. Aber um 16.30 Uhr musste ich spätestens wieder zu Hause sein, mit Frieda zum Kieferorthopäden, eine neue Therapie sollte besprochen werden, meine Anwesenheit war erforderlich.

Wenn das Meeting womöglich erst um 15.30 Uhr fortgesetzt würde, käme ich gar nicht mehr mit meinem straffen Zeitplan hin.

Langatmige Besprechungen – jeder kann ein Lied davon singen. Am Anfang meiner Selbständigkeit war ich sehr erstaunt, wie ineffizient die meisten Meetings ablaufen. Bei meiner knapp bemessenen Zeit konnte ich mir solch unnütz verbratene Stunden schlicht nicht erlauben. Bei mir zu Hause lief alles wie am Schnürchen, die vier Kinder und ich sprachen uns ab und hielten uns an vereinbarte Zeiten. Erst wenn die Pflichten, die Arbeit, erledigt waren, erlaubten wir uns das gemütliche Rumschlunzen. (Wobei die Söhne gerne die Ersten waren, die mit dem Schlunzen anfingen.)

Nun erfuhr ich in der Arbeitswelt da draußen, dass die meisten Menschen lange, unstrukturierte Meetings für normal hielten und sich stoisch in diese Form der Zusammenarbeit ergeben hatten. Und zwar völlig unabhängig davon, ob sie sich in einer hippen Kreativ-Agentur, in einer Behörde, in einem Industrieunternehmen oder in einem Sozialprojekt befanden. Das war doch zum Krankwerden! (Stichwort Burn-out, oder als ganz aktuelle Diagnose: das Bore-out.) Es war zum Haareraufen, ich litt regelrecht körperlich darunter. Und ich war mir sicher: Manch anderen, vor allem den berufstätigen Müttern, denen ging es genauso wie mir.

Mit der Zeit lernte ich, dass die meisten dankbar sind, wenn der Auftragnehmer – nach kurzer Nachfrage – die Moderation eines Meetings übernimmt. Kurze Begrüßung, dann definieren, wozu man zusammengekommen ist (ein vielversprechender Anfang, denn oft wissen viele gar nicht, was das Ziel der Besprechung sein soll), dann Aufgaben/Funktionen der Teilnehmer klären und immer wieder in die Diskussion freundlich steuernd eingreifen, damit Herr X nicht wieder von Hölzchen auf Stöckchen kommt, damit Frau Y sich nicht über die Abteilung A ereifert, damit Herr Z mit »Damals war alles ganz anders« nicht wieder einen sei-

ner Monologe beginnt. Und ganz nebenbei immer das Gesagte zusammenfassen, sich rückversichern, dass es so gemeint wurde, mit Blick auf die Uhr zum Ende kommen und
nochmals das Ergebnis formulieren, die eigene Aufgabe be-
schreiben – und die kommende Zeitschiene festlegen, wann
was erledigt sein muss. Nach 60 Minuten ist alles im Kasten.
Und oft schauen sich alle verdutzt und froh an, dass sie dieses Mal keinen Sekundenschlaf brauchten, um dieses Meeting durchzuhalten. Übrigens: Wenn es ganz schnell gehen
soll, hält man das Meeting im Stehen ab, das wirkt Wunder.

Ein spätes Mittagessen im Temps Perdu also. Herr Turan
selbst schien sich auf diese Pause zu freuen (wohl vor allem
wegen der Gelegenheit zum Rauchen) und versteckte seinen persönlichen Wunsch hinter einer großzügigen Geste,
schließlich wolle man dem Kunden etwas Gutes tun. Ich
zweifelte daran, ob ich überhaupt noch gebraucht wurde.
Ich wollte die Runde nun schnell verlassen, aber da sagte
Tom Richter mit Blick auf seine Uhr:

»Das machen wir ein anderes Mal, Mittagessen schaffen
wir jetzt nicht mehr, wir haben noch einen Anschlusster-
min. Wir haben auch noch nicht über Text geredet.«

Da war es wieder, mein Stichwort, Text, endlich! Ich
nickte eifrig, bevor ich jedoch einhaken konnte, fragte Frau
Plebs in die Runde, ob sie statt des Besuchs im Temps Perdu
ein paar Canapés in den Konferenzraum bestellen sollte. Es
dauerte eine halbe Stunde, bis diese geliefert wurden, und
diese kostbaren dreißig Minuten wurden nicht genutzt, um
über Text Text Text zu reden, sondern um Käfer-Feinkost,
die KaDeWe-Feinschmecker-Etage und das Bio-Catering
von nebenan miteinander zu vergleichen.

Der Bio-Deli von nebenan brachte zwei Platten mit
leckersten Häppchen, von denen ich trotz meines Hun-

gers nur zwei Bissen nahm, um nicht als verfressen zu gelten.

Jetzt, da alle aßen und den Mund voll hatten, ging die Diskussion weiter. Nur nicht über Text. Es ging auf einmal um Produktdesign. Und die Konsistenz des Diätdrinks.

»Vielleicht eine Spur zu sämig, nicht wahr, Frau van Laak?«, sprach mich Herr Richter plötzlich an, seine Zunge kämpfte mit einem Lachsröllchen, dabei zitterte ein wenig Kresse in seinem Mundwinkel.

»Äh, vielleicht, ja, ich weiß nicht. Ich kenne den Diät- äh Gesundheitsdrink ja gar nicht.«

Falsche Antwort.

Herr Richter schaute mich durchdringend an, sogar Herr Backender richtete sich auf. Frau Plebs rollte mit den Augen und strich sich dann Krümel von ihrem schwarzen Rollkragenpullover.

»Was, Sie haben die Produkte noch gar nicht probiert?!«, fuhr mich Herr Turan entrüstet an.

Du meine Güte, alles, was ich bisher gesehen hatte, waren Abbildungen in einem Flyer gewesen. Dass ich mir das teure Zeug selber hätte kaufen sollen, konnte doch der Agenturchef hoffentlich nicht gemeint haben.

Bevor eine allzu lange, peinliche Stille entstehen konnte, griff Herr Turan zum schnurlosen Telefon und wies seine Assistentin an, einen Karton mit den Produkten für mich herbeizubringen. An der Eile, die er dabei an den Tag legte, und an seinem Gesichtsausdruck merkte ich, dass es zumindest auch teilweise sein Fehler gewesen war, mir als von außen hinzukommendem Teammitglied nicht schon eher das Produkt gezeigt zu haben.

Jetzt am besten die Klappe halten, dachte ich und suchte Herrn Turans Blick, um ihn wenigstens mit meinen Augen wissen zu lassen, dass ich ihm zuliebe die Schuld vollkommen auf mich nahm.

»Minuspunkt«, sagte Herr Turan und schaute mich scharf an. Ich war so überrumpelt, dass ich mit leiser Stimme antwortete: »Okay.«

Ich hatte »Okay« gesagt! Dabei war ich gar nicht schuld an diesem Minuspunkt. Oder vielleicht doch? Hätte ich besser vorbereitet sein müssen? Der märkische, stille See, wo war er? Ich brauchte jetzt sofort das Boot. Einen aufflatternden Graureiher.

»Sie probieren die mal alle durch, ja? Und dann machen Sie zwei, drei Testanrufe bei der Beratungshotline. Auch mal per Mail anfragen und die Chat-Funktion ausprobieren.«

Herr Richter tupfte sich die Mundwinkel mit der Papierserviette ab, betrachtete den Kressefaden, der darin hängengeblieben war, knüllte die Serviette zusammen und legte sie auf seinen kleinen Teller, wo sie sich in unregelmäßigen Zuckungen wieder entfaltete. Er neigte sich in Richtung meiner Büßerecke am Tischende vor.

»Und dann bis zur KW 23 ein paar Vorschläge für Headlines und Teasertexte.«

Der letzte Zipfel der nur halb gebändigten Serviette sprang auseinander und katapultierte das Kresseblättchen in die Mitte der polierten Tischplatte. Alle sahen es, keiner unternahm etwas.

Herr Richter und Herr Backender standen auf und wollten sich verabschieden. Moment mal, war das mein Texter-Briefing gewesen? Fast drei Stunden hatte das Meeting gedauert, und außer einem Minuspunkt hatte ich nichts weiter an Inhalten bekommen?

»Ähm, einen kleinen Augenblick noch«, ging ich vorsichtig in das allgemeine Händeschütteln dazwischen.

»Thema Text. Wie viele Zeichen sollen es denn sein? Was für eine Tonalität wünschen Sie denn? Wollen wir etwas mit Wortspielen machen? Wie sieht es –«

Herr Richter unterbrach meine Fragen, indem er mich mit leicht geschürzten Lippen von oben bis unten taxierte. Ich fühlte mich ertappt, ich wusste nur nicht, wobei.

»Überraschen Sie mich, Frau van Laak«, sagte er und verschwand dann mit Herrn Backender, Herrn Turan und Frau Plebs aus dem Konferenzraum. Ich blieb allein zurück. Ich und das vor sich hinwelkende Kresseblättchen.

Zum Kieferorthopäden kamen wir zu spät. Da aber alle vier Kinder bei Dr. Moock in Behandlung waren und dieser von meinem schmerzhaften Dauerspagat zwischen Familie und Selbständigkeit wusste, traf mich über seinen mintgrünen Mundschutz hinweg nur sein gütiger Blick, als ich mit Frieda in das Behandlungszimmer hastete. Mein grüner Rock war von einem rosa Schimmer umwölkt, denn auf der Rückfahrt von Berlin nach Hause war mir in der S-Bahn der Karton mit den Diätdrinks aus den Händen gefallen, eine Dose war aufgegangen und ruck, zuck weggekullert. Ich konnte sie zwar wieder einfangen, bevor sich das hellrote Pulver im ganzen S-Bahn-Waggon verbreiten konnte. Dafür war ich nun eingestäubt und roch nach einer Mischung aus Gummibärchen und Gästeseife.

Abends machten sich die Kinder über die Dosen her. Jeder wollte die farbigen Pulver anrühren. Ich erklärte ihnen, dass es sich hier um ein Mittel zum Abnehmen handelte, woraufhin meine Töchter spekulierten, ob danach womöglich alle satt seien und wir kein Abendessen mehr bräuchten.

Das Zeug schmeckte grauenhaft. Das fand sogar Millie, die sonst allem Süßen, egal wie synthetisch im Geschmack, etwas abgewinnen konnte. Über die Farben der fertigen Drinks mit schleimiger Beschaffenheit wurde erbarmungslos hergezogen.

»Kinderkotze.«

»Nee, Eiter wie aus Tills Fußballwunde.«

»Schlecht gewordene Himbeerbowle.«

»Mit schimmeliger Sahne drauf.«

Eine Stunde nach der – gewissenhaften – Verkostungsorgie standen alle vier wieder in der Küche.

»Wir haben Hunger, Mama.«

Einen Tag später nahm ich mir die vielgepriesene Hotline des Herstellers vor.

»Guten Tag, ich möchte abnehmen und habe hier Ihre Diätdrinks stehen. In welcher Dosierung verwende ich die?«

»Ich grüße Sie, Frau …?«, sagte eine eilfertige, nicht unsympathische Stimme am anderen Ende der Leitung.

»Schumann«, ergänzte ich.

»Schön, Frau Schumann, schön, dass Sie uns anrufen. Darf ich Ihnen zunächst ein paar Fragen stellen? Uns liegt daran, dass Sie unsere Produkte optimal für sich nutzen können. Wie viel wiegen Sie, bitte?«

Oh, fast erwischt. Aus gutem Grund haben wir keine Waage im Haushalt. Ich kenne das nur zu gut, wie vor allem junge Mädchen täglich mehrmals auf die Digitalanzeige starren, um ihr angebliches Übergewicht zu kontrollieren. Nein, so ein Gerät kommt mir gar nicht erst ins Haus. Aber wie viel Kilos sollte ich angeben, um als eine abnehmwillige Person glaubhaft zu sein?

»Frau Schumann? Wir behandeln alle Angaben vollkommen anonym, machen Sie sich keine Sorgen deswegen. Es ist nur, dass wir Ihnen eine optimale Therapie zusammenstellen möchten.«

Unsere Wohnungstür fiel leise ins Schloss, wer von den Kindern war denn jetzt schon nach Hause gekommen? Mich wurmte mein Büro in meinen privaten vier Wänden jeden Tag mehr.

»80 Kilo«, versuchte ich es und stellte mir dazu die Kleidergröße vor.

»Vielen Dank, Frau Schumann. Und Ihre Körpergröße?«

»Eins zweiundsiebzig«, blieb ich bei der Wahrheit.

»Irgendwelche Amputationen?«

»Wie bitte?«

»Es geht um die korrekte Berechnung Ihres BMI, Frau Schumann. Alle Angaben sind streng vertraulich.«

Was war noch mal BMI? Irgendsoein Idealgewichts-Durchschnitt, vermutete ich.

»Alles dran bei mir.«

»Frau Schumann, das macht einen Body-Mass-Index von 27«, sagte die Frau sanft zu mir, »da können wir eine Menge mit unseren Produkten ausrichten. Welche Geschmacksrichtung bevorzugen Sie denn?«

Jetzt stand Frieda hinter mir und hörte interessiert zu. Zeit, das Telefonat so schnell wie möglich zu beenden.

»Erdbeer. Wie viel–«

»Da nehmen Sie am besten die Nummer 5c aus der Produktlinie Slim Wellness–«

»Herzlichen Dank«, unterbrach ich die Stimme und legte schnell auf.

»Mama, ich habe Toni von den Drinks erzählt, und sie nimmt die schon seit den Zeugnissen, dabei ist sie viel dünner als ich. Ich will das jetzt auch mal ausprobieren, ich bin etwas übergewichtig, hat Toni gesagt.«

Frieda guckte mich mit dem verunsicherten, leicht verwundeten, aber gleichzeitig bockigen Ausdruck einer Heranwachsenden an, die sich absolut sicher ist, dass alle anderen Mädchen schöner seien als sie selbst.

»Das gibt es ja wohl nicht!«, kreischte ich sofort los. »So ein verquirlter Blödsinn! Du bist genau richtig, nimm bloß nicht so ein Zeug!«

Frieda brach sofort in Tränen aus. »Und warum lässt du dich beraten, hä, Mama? Du findest dich auch zu fett, *das* ist es nämlich. Und überhaupt, wieso arbeitest du dann für die, wenn du das alles scheiße findest, hä?! Du bist so was von inkonsequent!«

Knall, die Tür, und dann nur noch das Quietschen des Lattenrostes, als Frieda sich auf ihr Bett schmiss.

Da ist der Wurm drin, dachte ich. Irgendwie ist das Projekt gegen mich.

Abends beim Essen hielt ich eine lange Rede vor den Kindern über das Thema Idealgewicht, Schlankheitswahn und die böse Industrie. Erwartungsgemäß stellten mir die Kinder die Frage nach der Moral, was meine Aufträge anging. Ich schummelte mich durch, indem ich good old Brecht zitierte: Erst kommt das Fressen, dann kommt die Moral. Till schob sich ein Stück Wiener Würstchen zwischen die Kiemen und sagte nichts mehr. Frieda funkelte mich aus dunklen Augen an, Millie dachte an die Gummibärchen, die ich ihr als Nachtisch versprochen hatte, und Jonas kommentierte trocken: »Jetzt lass ich dir das durchgehen, aber wenn deine Textagentur gut läuft, dann nicht mehr.«

Ich nahm mir vor, ihn bei Gelegenheit an seine moralischen Grundsätze zu erinnern, wenn er von der verheerenden Umweltverschmutzung sprach und im Kino aber seine fünfte 3-D-Brille kaufen würde, um sie später mit den anderen vier in der Schreibtischschublade zu horten.

Ein paar Stunden später machte ich mich hoffnungsfroh ans Werk und textete wie der Teufel. Ich stellte mir die neuen Verpackungen vor, wie in »großer Typo« meine Headlines darauf prangen würden, ein zwei freche Sätze darunter – die Arbeit ging wie von selbst. Ich ließ alles zwei Tage ruhen, um kritischen Abstand zu gewinnen und meinen Lektoratsjob für einen Fachverlag zwischenschieben zu können. Nachdem ich noch ein wenig an den Formulierungen gefeilt hatte, schickte ich meine Texte los, direkt an Herrn Richter, Herrn Turan im cc.

> Von: richter@slimwellness.com
> An: pvl@textvanlaak.de
> Cc: torun@agentur.de
> »Wir sind sehr verwundert über das schmale Ergebnis unseres Meetings. Tonality und Content sind nicht getroffen.
> Was ist Ihr Vorschlag hierzu?
> MfG Tom Richter«

Damit hatte ich nicht gerechnet. Ich hatte Herrn Richter also nicht überraschen können, und wenn doch, dann gewiss nicht positiv. Ich las die Mail gerade ein zweites Mal, als das Telefon klingelte.

»Turan hier. Was soll das denn?! Wie können Sie so was abliefern? Wir haben doch über alles gesprochen! Herr Richter ist sehr verärgert.«

Manchmal denke ich, alle anderen sind verrückt und nur ich bin einigermaßen normal. Dann kommen mir Zweifel, und ich muss an den Witz mit dem Geisterfahrer denken. Er hört die Radiodurchsage »Es kommt Ihnen ein Fahrzeug entgegen«, und er sitzt hinterm Lenkrad und brüllt: »Eines?! *Hunderte!!!*«

Jetzt musste ich ganz wachsam sein und herausfinden, ob nur ich bescheuert war, dagegen Herr Turan und Herr Richter und alle anderen recht hatten. Ich machte diesen Job nicht so lange, ich kannte mich im Agenturalltag noch nicht aus, und als kleine Texterin, die in ihren Anfängen steckte, war wahrscheinlich *ich* diejenige, die auf der falschen Fahrbahn unterwegs war. (Heute sage ich nur: *Bauchgefühl!* Was sich schräg anfühlt, ist meist auch schräg.)

»Ich bin mir nicht sicher, wie Herr Richter die Texte haben möchte, können Sie mir vielleicht einen Tipp geben?«, fragte ich Herrn Turan vorsichtig.

»Nun machen Sie mal einen Punkt! Wir hatten ein ausführliches Meeting dazu. Setzen Sie sich ran und liefern Sie bis morgen Abend eine zweite Fassung!«

Und weg war er.

Ich war zwar bedrückt, weil ich immer noch nicht einschätzen konnte, was der Kunde wollte, aber entmutigt war ich (noch) nicht. Ich arbeitete sofort an einer weiteren Fassung, bot auch eine dritte Fassung an und legte mir einen Storytelling-Ansatz zurecht, mit dem man die Produkte inhaltlich verbinden könnte. Und dann wieder alles per Mail zu Richter, Turan ins cc.

Von: richter@slimwellness.com
An: pvl@textvanlaak.de
Cc: torun@agentur.de
»Angesichts der mageren Ergebnisse im Bereich Text/Redaktion halten wir es für angebracht, eine Telco abzuhalten. Mr. Johnson aus London wird zugeschaltet. Konferenzsprache ist Englisch.«

Nur ich war es, die hier überrascht war, und zwar unangenehm. Zwei Nächte schlief ich schlecht. Ich hatte zehn Minuten gebraucht, um herauszufinden, was eine Telco ist (eine Telefonkonferenz, das heißt, mehrere Menschen sind gleichzeitig in der Leitung), und weitere sechzig Minuten, um zu verstehen, warum ein Mr. Johnson dabei sein sollte. (Mr. Johnson war Vertriebsmanager für Europa.) Dann fing ich an, BBC zu hören, um schnell ins Englische hineinzukommen. Die Kinder protestierten, als ich unseren Familien-Lieblingsfilm Mary Poppins auf Englisch gucken wollte. Schließlich einigten wir uns auf die deutsche Synchronfassung mit englischen Untertiteln. Am nächsten Tag um 18 Uhr sollte die Telco stattfinden. Zur Unzeit, wenn man bedachte, dass sich mein Büro zu Hause befand und alle Kinder seit 16.30 Uhr von der Schule zurück sein würden.

Ich hing einen Totenkopfzettel mit der Aufschrift »Nicht stören, Kundengespräch!« an meine Zimmertür. Um 17.55 Uhr klingelte mein Telefon. Eine Frauenstimme teilte mir auf Englisch mit, ich solle in der Leitung bleiben, Mr. Johnson, Mrs. Martens (wer war Frau Martens?) und Mr. Richter würden sukzessive zugeschaltet. In der Reihenfolge ihrer Wichtigkeit klinkten sich die anderen Teilnehmer nach und nach ein. Um 18.05 Uhr schließlich meldete sich Herr Richter mit einem »Hello everyone«. Ich bekam sofort ein schlechtes Gefühl in der Magengrube.

»Let's give Petra – Petra, are you there? – an efficient tutorial how to create the right headlines for our products.«

Mit der englischen Sprache kamen also die Vornamen, wobei ich es vermied, Herrn Richter mit Tom anzusprechen. Das Gespräch verlief ein wenig wie eine Gerichtsverhandlung. Es wurde ständig über mich, die Angeklagte, gesprochen, und ich durfte nur etwas sagen, wenn ich direkt gefragt wurde. Ich kam mir vor wie ein kleines dummes Hascherl, und das Schlimmste: Am Ende der Telco war ich zwar schweißgebadet, aber nicht schlauer als zuvor. Herr Turan war nicht dabei gewesen, ich hatte also auch keinen Zeugen, dass hier wiederum keine konkrete Aussage zu den Texten gemacht worden war, stattdessen aber die Erwartungen an mich noch höher (Vertriebschef Europa ins Boot geholt!) geschraubt worden waren.

»Mama, Till hat gesagt–«, platzte Millie ins Zimmer.
»Raus hier!«, schrie ich meine Jüngste an, die verschreckt zurückwich. »Raus, ihr sollt mich doch in Ruhe lassen!«
»Aber du telefonierst doch gar nicht mehr, Mama«, wagte sie noch zu entgegnen, bevor sie aus dem Zimmer flitzte.
Jetzt strapaziert mich das Projekt schon so sehr, dass ich meine Kinder anschreie, dachte ich. Ich fühlte mich noch elender als zuvor.
Ich rechnete aus, was mir an Honorar durch die Lappen gehen würde, wenn ich an diesem Job scheitern würde. Es wäre immerhin ein halber Monatslohn, den ich damals durch nichts hätte wettmachen können. Also: weiter durchhalten!
Natürlich sehe ich heute alles in einem anderen Licht. Ein solch schlechtes Briefing, wie es mir dort zugemutet wurde, würde ich heute niemals akzeptieren. Manche Kunden wollen oder können nicht umfassend und genau ausdrücken, welche Erwartungen sie an die Resultate einer Beauftragung haben. Das gilt nicht nur für Text oder Designleistungen. Es fällt manchen schwer, das Gewünschte zu vermitteln – oder, noch schlimmer, sie wissen selbst gar nicht, was sie wollen. Hier hilft es, dem Kunden genau zuzuhören und dann das Gesagte mit eigenen Worten zu-

sammenzufassen und es dem Kunden wieder vorzulegen. Habe ich es richtig verstanden, dass ... Ist es in Ihrem Sinne, wenn ich es so und so anlege? Bei mir ist angekommen, dass ... Wenn der Kunde keine Geduld hat, sich dies in einem Gespräch anzuhören, so muss dies in jedem Falle verschriftlicht werden. Das heißt: sich zu Hause hinsetzen und eine ausführliche Mail schreiben. Kommt daraufhin kein Widerspruch, setze ich voraus, dass ich den Kunden richtig verstanden habe, und fange mit einem Probetext an. Überhaupt, Probetexte! Im Schnellverfahren lässt sich unmissverständlich klären, ob die Tonalität, die Struktur, die Wortwahl im Sinne des Kunden sind. Und alle können rechtzeitig die Handbremse ziehen, wenn es in die falsche Richtung läuft. Wenn ich Grafikdesignerin wäre, würde ich es ebenso halten und ein Probelayout abliefern. Wenn ich Schneiderin wäre, ein grobes Schnittmuster präsentieren, als Innenarchitektin mit Probeskizzen kommen usw.

Das Briefing für das Diätdrink-Projekt war zwar unzureichend, aber ein Profi darf sich argumentativ nicht darauf zurückziehen, wenn es später nicht glattläuft. Erstens hatte ich ein umfangreiches Briefing nicht vehement genug eingefordert, und zweitens war ich selbst nicht optimal vorbereitet gewesen. Ich hatte in einem Produktflyer geblättert, aber mir sonst keine Informationen über den Kunden verschafft. Fehler. Bevor ich heute in ein erstes Meeting gehe, habe ich bereits seit einigen Wochen den Unternehmens-Newsletter abonniert, bin alle paar Tage auf der Homepage, um mir unter der Rubrik »Aktuelles« die Neuigkeiten anzuschauen, habe mir, falls vorhanden, die *XING*- oder *LinkedIn*-Profile der wichtigsten Player des Unternehmens angesehen und habe die Vor- und Nachnamen und die Funktion der am Meeting Beteiligten auswendig gelernt. Um zu wissen, wie das Unternehmen am Markt einzuordnen ist, führe ich eine kleine Recherche durch, wie die Konkurrenz es so macht – außerdem kann nachher im Treffen ein bisschen Namedropping nicht schaden. Und im Falle der Diätdrinks hätte ich – zur Not aus eigener Tasche finanziert – schon längst das Zeug kaufen und probieren sollen. Das alles hat auch mit Achtsamkeit, mit Alertness gegenüber dem Kunden zu tun – egal, wie wenig oder wie viel man mit den Leuten persönlich anfangen kann. Eine gute Vorbereitung ist die Voraussetzung für das Gelingen eines Projektes.

Ich hatte mir selbst also die Parole des Durchhaltens gegeben, und so machte ich mich an eine weitere Fassung der Texte, wieder, ohne genau zu wissen, was der Kunde wollte.

Von: richter@slimwellness.com
An: Turan@agentur.de
cc: pvl@textvanlaak.de
Sehr geehrter Herr Turan, soeben haben wir die vierte Textfassung von der von Ihnen empfohlenen Texterin erhalten. Wir sind, gelinde gesagt, erstaunt, dass diese auch jetzt noch nicht in der Lage ist, unseren Erwartungen zu entsprechen. Wie wollen wir weiter verfahren?
Mit freundlichen Grüßen
Tom Richter

Das Gefühl, das sich nun in meiner Körpermitte (Solarplexus) einstellte, kannte ich noch aus der Kindheit, dritte Grundschulklasse, wenn die autoritäre Klassenlehrerin einzelne Schüler nach vorne holte, um zum Vernichtungsschlag auszuholen.

Bevor Herr Turan *mich* telefonisch erreichen und vernichten konnte, rief ich lieber *ihn* an.

»Das war's dann wohl, es war ein Fehler, Sie in das Projekt mit reinzuholen«, sagte Herr Turan knapp.

Sollte ich jetzt um eine weitere Chance bitten und betteln?

»Vier Fassungen – oder sind es fünf? – und der Kunde ist immer noch nicht zufrieden, nein, ich werde da meinen Juniortexter dransetzen, vielleicht ist es nicht Ihr Thema.«

Natürlich war es nicht mein Thema, aber für einen Profi gibt es so eine Begründung nicht, ein guter Texter textet um 9 Uhr über Rückkühlanlagen, um 12 Uhr formuliert er einen Slogan für ein Fitnessstudio, um 17 Uhr geht er noch einmal die Headlines für die Broschüre der Senatsverwaltung durch. Und genauso professionell wollte ich sein. War ich aber nicht. Zumindest nicht in den Augen von sämtlichen Turans, Richters, Backenders, Johnsons und was weiß ich wer noch.

»Ich werde mit Herrn Richter noch einmal direkt sprechen«, antwortete ich ganz ruhig Herrn Turan, erschrak aber gleichzeitig über meinen Mut. Dass Herr Richter von mir nun rein gar nichts mehr zu halten schien, war mittlerweile mehr als deutlich geworden. Herr Turan akzeptierte meinen Vorschlag sofort und setzte noch ein Zeitlimit von zwei Tagen. Irgendwie tat er mir ein kleines bisschen leid, denn er schien selbst nicht mehr zu wissen, was sein Kunde eigentlich wollte, und hatte sich bisher eine schöne Blöße mit mir als Texterin gegeben.

Herrn Richters Sekretärin ließ mich einige Minuten in der Leitung warten, bis sie mich zu ihrem Chef durchstellte.

»Ja, was?«, schnappte Tom Richter nur kurz ins Telefon. Rüpel!, dachte ich.

»Von Herrn Turan weiß ich, dass Sie nach wie vor nicht mit den Textergebnissen zufrieden sind. Was muss geschehen, damit die Texte Ihren Erwartungen entsprechen?«, fragte ich Herrn Richter freundlich, aber mit ernstem, umsichtigem Unterton.

»Ja, äh–«

»Gibt es vielleicht ein Vorbild, das Sie im Kopf haben und nach dem ich mich richten könnte?«

»Ja, äh– Warten Sie mal … Wenn Sie so was brauchen …« Herr Richter schien sich vom Schreibtisch zu entfernen.

»Hallo, Frau van Laak, noch dran? Also, ich les mal vor, hier auf der Verpackung von Slimjoy steht …«

Und ich bekam einen Werbetext von der Konkurrenz zu hören, der spießiger und uninspirierter nicht hätte sein können. Das wollte er also von mir, einen spießigen, uninspirierten Text.

Wir telefonierten noch eine ganze Weile. Herr Richter wurde zunehmend freundlicher, je länger er den langweiligen Verpackungstext deklamieren durfte. Am Ende sprach er über seine Hobbys, seinen neuen Schreibtisch mit der höhenverstellbaren Platte (ich hörte das Surren der Mechanik, als er mir die Funktionen demonstrierte), und ganz am Schluss erlaubte ich mir, noch einmal auf das Thema Text zu sprechen zu kommen.

»Ich denke, ich habe jetzt verstanden, in welche Richtung es gehen soll, Herr Richter. Morgen haben Sie die Texte.«

Hör auf deine Kunden! Was wollen sie? Schreib erst dann, wenn du sie ganz genau verstanden hast. Mit diesen Merksätzen setzte ich mich ans Werk und produzierte kurze, sachliche Überschriften und Texte, die in ihrer Tonalität fast schon an Gesetzestexte erinnerten. Ich lieferte pünktlich ab, es gab noch zwei harmlose Korrekturschleifen, und das Projekt wurde mit erfreuten Danksagungen in alle Richtungen zügig abgeschlossen.

»Herr Richter sagte mir, er sei jetzt sehr zufrieden mit den Ergebnissen«, informierte mich Herr Turan. »Sie können also die Rechnung stellen. Ach ja, Herr Richter meinte noch, es sei wohl darauf zurückzuführen, dass er Sie angerufen habe, um Ihnen einmal ganz in Ruhe alles zu erläutern. Offensichtlich seien Sie in einem Vieraugengespräch aufnahmefähiger als in einer größeren Runde oder Telco. Gut zu wissen, fürs nächste Mal, meine ich. Wiedersehen.«

Kommunikation ist doch immer wieder ein erstaunliches Feld. Und überall sind Geisterfahrer unterwegs, denen man ausweichen muss und die man dann davon überzeugen sollte, die Richtung zu wechseln. Das ganze Projekt hatte mich maßlos geärgert und zeitweise auch eingeschüchtert – dennoch war es eine gute Lehre für mich.

Noch in demselben Jahr lud Turans Agentur zu einer großen Party ein, um ihr zehnjähriges Bestehen zu feiern. Ich freute mich über die Einladung, denn ich war davon ausgegangen, dass nur Kunden und keine kleinen Dienstleister die Ehre hatten mitzufeiern.

Die große Fete fand nicht in den Agenturräumen statt, sondern in einer Party-Location in Berlin-Mitte. Den Eingang in einer dunklen Nebenstraße hätte ich fast übersehen. Eine mit Graffiti übersäte kleine Metalltür klemmte zwischen zwei Plakatwänden, von denen sich die unzähligen Schichten Offset-Papiers nach außen rollten und danach schrien, abgerissen zu werden. Die oberste Plakatschicht zitterte vom Wummern der Bässe, die hinter der Eingangstür tobten.

Drinnen war alles kahle Betonwand, eine aufwendig gestaltete Bar zog sich am linken Raumrand entlang, in der Mitte befand sich eine tiefer gelegte Tanzfläche, auf der sich gerade Frau Plebs mit anderen Kolleginnen austobte. Der Lärm der Musik (Musik?) war kaum auszuhalten.

Ich musste an meine Mutter denken. »Wieso geht ihr in so was freiwillig rein?«, würde sie jetzt sagen.

Ein paar Stunden später – ich hatte Herrn Turan begrüßt, ein wenig Small Talk gemacht, ein wenig getanzt und mir nach und nach vier Cocktails mixen lassen – entdeckte ich ein bekanntes Gesicht an der Bar.

Eigentlich ist er ja ganz okay, hat halt 'nen harten Job, formten sich meine Gedanken in meinem von den Cocktails weichgespülten Vorderhirn. Und dann ging ich milde und sehr versöhnlich gestimmt auf den jungen Mann mit den gegelten Haaren zu.

»Hier, unsere Texterin Frau ...«, wollte mich Tom Richter der zierlichen Frau in seinem Arm vorstellen.

»Van Laak«, ergänzte ich freundlich.

»Tolle Location hier«, strahlte er. »Für uns gibt's ja auch 'nen Grund zum Feiern.«

Ich dachte (Anfängerin!), er meinte den erfolgreichen Abschluss unseres Projektes.

»Wir haben gestern das zweimillionste Produkt verkauft. Und die Beratungshotline wird hammermäßig angenommen.«

Ich gratulierte ihm artig und zeigte meine Freude auch der Begleitung, man kann ja nie wissen, vielleicht war sie seine Key Account Managerin.

Es entstand eine kleine Pause, in die hinein ich ihn fragte: »Welche Geschmacksrichtung der Drinks gefällt *Ihnen* eigentlich am besten?«

Herr Richter, seinen Blick ließ er gerade über die Tanzfläche schweifen, machte eine abwertende Handbewegung.

»Keine Ahnung, hab das Zeug noch nie probiert. Ich würde so einen Diätkram niemals mitmachen.«

Wie jetzt, war das ein Scherz? Dieser Typ verdiente damit Millionen und hatte es noch nicht nötig gefunden, seine eigenen Produkte auszuprobieren?

Ich weiß nicht, ob mir der Mund offen stand, womöglich dachte seine Begleiterin, ich sei nicht ganz bei Sinnen. Ich erinnere mich nur noch an den Satz, den ich zu ihm sagte, bevor ich mich umdrehte und grußlos die hippe Fete verließ: »Jetzt *überraschen* Sie mich, Herr Richter.«

Das Ruckeln der S-Bahn machte meinen alkoholdurchtränkten Körper nicht frischer. Draußen rasten die in die Länge gezogenen Lichter der Metropole vorbei, bis der Zug aus der Stadt heraus war und das Draußen nur noch schwarz und ungenau an uns allen entlangkroch. Ich dachte: Wie sinnvoll ist mein Tun? Wie sinnvoll ist mein Tun?

Zu Hause, es war halb drei Uhr morgens, wollte ich die Kinderbetten-Runde machen, so wie immer, wenn ich von Abendterminen nach Hause kam, noch einmal leise nachsehen, ob mit meinen Lieben alles in Ordnung war, eine Decke zurechtzupfen, ein Fenster öffnen oder schließen – und ich erschrak kurz, als ich sah, dass alle Betten leer waren. Richtig, fiel mir ein, kinderfreies Wochenende. Ich ließ mich auf Millies Bett plumpsen, ihr Schlaf-Schaf drängte sich an meine Wange, ich konnte noch gerade die Schuhe abstreifen, und schon sank ich in einen tiefen Schlummer, der die Tür zu einer Alptraumwelt aufstieß, in der sich alle Menschen von Diätdrinks ernährten, gegelte Anzugträger mit schnittigen Sportwagen herumfuhren und meine Kinder lautstark nach mehr erdbeer- und kiwifarbenen Nahrungsergänzungsmitteln verlangten.

Ein Jahr später fragte die Agentur bei mir an, ob ich Tom Richter als Texterin dabei unterstützen könnte, eine neue Produktlinie einzuführen. Er sei damals sehr zufrieden mit meinen Leistungen gewesen. Ich hatte gerade ein großes Projekt für ein Ministerium und ein umfangreiches Lektorat für eine Anwaltskanzlei auf dem Tisch und war richtig froh, dass ich einen Grund hatte, Herrn Turan abzusagen. Ich hätte mir die Sinnfrage nicht noch ein weiteres Mal stellen können, vor allem nicht im nüchternen Zustand.

Sie sind unsere Rettung!

Oder wie sich erste Erfolge anfühlen.

Am Anfang war ich dankbar für jeden noch so kleinen Auftrag, und meistens lief alles glatt, so dass ich von den Kunden auch mit weiteren Kleinigkeiten beauftragt wurde. Ich kniete mich immer hinein, als ginge es um einen Millionenjob. Und der Kunde wusste: Auf die ist Verlass, die liefert Qualität, auch bei kleinstem Auftragsvolumen.

Die Aufträge nahmen bald nicht nur zahlenmäßig zu, sondern auch in ihrem Volumen. Manchmal klopfte mir das Herz bis zum Halse, wenn ich meine Woche plante und alle Aufgaben dort hineinstopfen musste. War ich jetzt auf dem Weg zu expandieren? Sollte ich womöglich Leute einstellen? Oder mehr Freelancer um mich scharen?

»Das machen *Sie* doch aber, Frau van Laak, oder?«

»Sicher, ich kümmere mich persönlich drum.«

»Verzeihung, das klingt vielleicht ein bisschen begriffsstutzig, aber heißt das, dass *Sie* das texten?«

»Ja, niemand anders, nur ich.«

»Dann ist ja gut.«

Solche Dialoge gab es immer öfter. Eigentlich konnte es nicht besser sein, fand ich. Aber würde ich auf Dauer alles selbst bewältigen können? Es kann für einen Kleinunternehmer eine Schwierigkeit darstellen, wenn das Produkt bzw. die Dienstleistung nicht von seiner Person zu trennen ist. Ich vergleiche das mit meinem Frisör. Nur er soll mir die Haare schneiden, obwohl seine Angestellten wahrscheinlich ebenso gut sind wie er. Als Stammkundin komme ich in den Genuss, nur vom Chef bedient zu werden. Wenn er jedoch nicht auch delegieren würde, könnte er seinen Salon zumachen.

Jeder neue Auftrag erfreute und erschreckte mich zugleich. Wenn ich keine Mitarbeiter mit einbeziehen würde, wäre ich bald aufgeschmissen. Noch war mir das Risiko zu groß, jemanden einzustellen. Außerdem waren die besten Leute, die ich aus den Bereichen Grafikdesign, Programmierung und Lektorat kannte, mit Leib und Seele Freelancer. Ich beschloss also, meine Kontakte zu Kollegen zu intensivieren, um zukünftig Projekte in Kooperation zu realisieren. Dieses Verfahren bietet sich vor allem in der Kreativwirtschaft an. Mit zunehmender Routine im eigenen Gewerk lassen sich mit dem Projekt assoziierte Aufgaben gut delegieren. Ich unternahm einen Probelauf bei einem kleineren Projekt mit einem jungen Lektor, der gerne in die Texterschiene hineinwollte. Die ersten Aufgaben erforderten von meiner Seite viel Input, bis er den locker-journalistischen Ton, den ich bevorzuge, richtig beherrschte. Jeder Text lief zunächst über meinen Schreibtisch, bevor ich ihn dem Kunden gegenüber freigeben konnte. Ich hatte erheblichen Mehraufwand, bis ich mir meinen Juniortexter richtig »aufgebaut« hatte. Aber die Investition hat sich gelohnt, denn ich konnte ein Jahr später schon mit weniger

Kontrollen größere Passagen an ihn delegieren und mich auf seine sorgfältige Arbeit verlassen.

Bei anderen Projekten war ich auf das Know-how anderer Gewerke angewiesen. Sei es Webdesign oder der komplizierte Andruck mit Sonderfarben – mit der Zeit hatte ich für jedes Anliegen mindestens zwei Experten oder eine kleine Agentur mit im Boot, die ich kurzfristig zu meinen Projekten hinzubuchen konnte. Mit der segensreichen Erfindung der »dropbox«, eines Datenspeichers, auf den mehrere Personen gleichzeitig zugreifen können, lassen sich materialreiche Projekte gut gemeinsam bearbeiten.

Über einen Kontakt aus einem digitalen Netzwerk war ich vor geraumer Zeit an ein Unternehmen aus dem Bereich erneuerbare Energien geraten. Schon einige Male hatte ich kleinere Texte für den Branchenriesen geschrieben, die Zusammenarbeit war immer freundlich, und ich sprang meist dann ein, wenn die Agentur, mit der die Marketingabteilung des Unternehmens seit fünf Jahren vertrauensvoll zusammenarbeitete, zu wenig Kapazitäten hatte, um sich noch um Text-Kleinkram zu kümmern.

Mein Kunde hatte seinen Stammsitz in der Hauptstadt, in einem repräsentativen Firmengebäude aus den Zwanzigerjahren, das unter Denkmalschutz stand. Nicht die gestaffelte Fassade aus braunrotem, holländischem Backstein, nicht die schwere bronzene Eingangstür und auch nicht die knallgelb lackierten Handläufe am Treppengeländer hatten es mir in dem architektonischen Juwel angetan. Nein, es war der Paternosteraufzug, den ich bisher nur vom Hörensagen kannte und von dem ich dachte, dass er ausgestorben sei oder zumindest nicht mehr betrieben werden dürfe.

»Wir haben eine Sonderbetriebsgenehmigung«, klärte mich Herr Mirgasch, Leiter der Produktentwicklung im Unternehmen, auf, als er mich damals bei meinem ersten Besuch an der Pforte abholte.

»Wir hatten anfangs mal einen Unfall, eine ältere Mitarbeiterin war irgendwie falsch ausgestiegen und hing kopfüber aus der Kabine. Alle konnten sehen, was sie untendrunter – Sie wissen schon, egal. Dann hieß es, aus mit dem Paternoster. Danach hieß es, nur mit Führerschein.«

»Ein Führerschein für diese Aufzugsanlage?«

»Ja, nur einige Auserwählte sollten fahren dürfen. Aber die Belegschaft wollte keinen Bonzenheber. Jetzt fahren wir wieder alle. Kommen Sie, wir müssen eins höher.«

Wir waren an der Anlage angelangt, die ziemlich laut klapperte und sirrte. Die alten Kabinen aus honigfarbenem Holz liefen bedächtig auf der linken Seite abwärts, rechts ging es nach oben.

Ein prüfender Seitenblick von Herrn Mirgasch, und er wusste, dass er es mit einer Fahranfängerin zu tun hatte. Er schob mich sanft zu der Seite der aufsteigenden Kabinen. Du meine Güte, die liefen doch ganz schön flott, dachte ich. Im selben Moment griff eine warme, trockene, große Männerhand nach meiner linken Hand und zog mich mit einem gewagten Schritt in die ankommende Kabine.

»Bevor Sie fragen, nein, es ist nicht gefährlich, wenn man drinbleibt. Oben wird's dunkel, es ruckelt, es ist laut, und dann fahren Sie wieder runter. Hier müssen wir schon raus.«

Ein großer Schritt, und wir waren draußen. Dort standen drei junge Mitarbeiter und grüßten freundlich, um die Augen eine etwas unangemessene Amüsiertheit, wie ich fand. Aber das war nicht erstaunlich, denn vor Ihnen stand der Chef, und mit der unbekannten Frau an seiner Seite hielt er noch immer Händchen. Ich machte mich schnell los und lachte verlegen.

Mittlerweile war ich mehrmals dort und eine passionierte Paternosterfahrerin geworden, die ihrerseits desorientierten Besuchern ihre Hand anbot, um sich gemeinsam in das Aufzugsabenteuer zu stürzen.

Mehrere Monate waren vergangen, als mich eine Eilanfrage von Herrn Mirgasch wieder einmal in das historische Gebäude holte. Erst 18 Stunden waren seit unserem Telefonat vergangen. Es ging um eine wichtige Veranstaltung, die der Kunde konzipiert hatte. Es sei leider alles kurzfristig, der ganzen Gruppe sei niemand mehr eingefallen, der jetzt noch helfen könne, hatte Herr Mirgasch beteuert, ob ich vielleicht gleich morgen …?

Lob auf die Unternehmenstugend Flexibilität, ja, ich konnte! Dafür musste ich zwar einen anderen Termin absagen, aber manchmal muss man eben Prioritäten setzen.

»Na endlich! Sie sind unsere Rettung! Warum wir Sie nicht schon eher geholt haben!«

Zu dem Express-Briefing war die gesamte Führungsriege der Produktentwicklung erschienen. Nach der ermutigenden Begrüßung war ich kein bisschen nervös mehr, nur noch sehr achtsam und tat zunächst einmal eines: zuhören.

»Unsere Vertriebler reden sich den Mund fransig, um Leute für die Veranstaltung zu gewinnen, aber der Kunde kapiert es nicht.«

»Wir haben mittlerweile fünf Entwürfe für ein Einladungsschreiben durch. Mal abgesehen vom Layout – die Texte kommen nicht richtig an.«

»Passen Sie mal auf, ich erklär Ihnen das jetzt in meinen Worten. Und wenn Sie mich auch nicht verstehen, dann geb ich's auf.«

»Die Leute wollen doch nicht lesen, die wollen eine Grafik und zack alles gleich auf einen Blick haben.«

Die Gruppe hatte schon einen langen Weg zurückgelegt, ihre eigene und zwei weitere Agenturen zerschlissen (Warnleuchte ging bei mir an), waren aber zu keinem nennenswerten Ergebnis gekommen. Ich versuchte herauszufinden, was es so schwierig machte, das geplante Event zu erklären. Die größten Probleme schien der Titel der Veranstaltung zu bereiten. »Neues von den Erneuerbaren« lautete er mittlerweile, aber mit diesem Zwischenstand war niemand richtig zufrieden.

»Wer geht denn zu so einer Veranstaltung hin? Oder wen hätten Sie denn gerne da?«, fragte ich in die Runde.

»Na, die üblichen Verdächtigen.«

»Aha. Und wer ist das?«

»Energieberater. Investitionsberater. Manchmal auch interessierte Laien.«

»Altersgruppe?«

»Mitte zwanzig bis vierzig.«

Immer wieder mache ich die Erfahrung, dass es darum geht, die richtigen Fragen zu stellen. Die Komplexität der Projekte, der Unternehmen, der Geschäftswelt da draußen nimmt ständig zu; es ist fast unmöglich, alles recherchieren zu wollen. Im Grunde sind viel zu viele Informationen vorhanden, und es besteht ständig die Gefahr, sich zu verrennen. Umso wichtiger wird das gute Zuhören, das Sich-Hineinversetzen in das Gegenüber und das Stellen von Fragen, die auf den Kern des Problems abzielen.

»Gut. Also die Jungschen«, fasste ich noch einmal kurz die Zielgruppe zusammen. »Die müssen wir anders ansprechen, nicht auf diese klassische Weise. Herr Hirschmann, zeigen Sie mal Ihr Handy!«, forderte ich den jungen Mitarbeiter am Ende des Tisches auf. Dieser zückte etwas überrumpelt sein Smartphone und zeigte es wie eine kleine Trophäe in die Runde.

»Herr Kalwester, und Sie?«

Hirschmanns Kollege, ebenfalls Anfang dreißig, griff in die Brusttasche seines Jacketts und legte zufrieden sein iPhone auf den Tisch.

»Frau Wall?« Ich schaute der PR-Frau in die Augen, einer Endzwanzigerin, die alles mit einem Lächeln beobachtet hatte. Frau Wall legte ein HTC Smartphone auf den Konferenztisch.

»Vielen Dank, Frau Wall. Sehr schön.«

Jetzt wandte ich mich den Männern über fünfzig zu.

»Entschuldigen Sie diese etwas unhöfliche Einteilung in Altersgruppen – aber mit den Jungen bin ich fertig, nun ist Ihre Generation dran.«

Alle drei legten lachend ihre Mobiltelefone auf die Tischplatte: ein schlichtes Motorola, ein Bang & Olufsen Designhandy – und ein Samsung Galaxy, das Herr Mirgasch, der Chef der Gruppe, stolz neben die beiden simpleren Ausführungen seiner altersgleichen Kollegen legte.

»Zeig mir dein Handy, und ich sag dir, wer du bist«, flachste Herr Hirschmann, und alles lachte.

»In Ordnung«, nahm ich den Gesprächsfaden wieder auf, »was sehen wir? Die Jugend (die drei Jüngeren glucksten) hat in der Regel ein internetfähiges Handy bei sich. Damit sollten wir etwas machen, wenn wir die Leute zu dem Event kriegen wollen.«

»Ja, und was?«

»Genau darüber würde ich mir jetzt Gedanken machen und Ihnen in drei Tagen ein kurzes Konzept dazu präsentieren.«

»Geht das vielleicht auch in zwei Tagen? Packen Sie einen dicken Expresszuschlag auf Ihre Rechnung«, forderte Herr Mirgasch mich auf. Ich sagte zu.

Auf der Rückfahrt in der S-Bahn machte ich mir bereits Notizen. Die Zielgruppe will unterhalten werden. Und sie hat einen großen Spieltrieb, etwa in der Größenordnung von dem meiner heranwachsenden Knaben ... Ein QR-Code muss her, dachte ich, großformatig auf das ganze Anschreiben gelegt, wenig Text drum herum. Das Ganze führt zu einer Microsite, da muss ein Knaller hin, irgendwas Animiertes, aber etwas zum Lachen. Ich skribbelte erste Wireframes in mein Projektheft.

Ich beschloss, meine Lieblings-Webagentur für dieses Projekt anzufragen. Der Kreativchef, ein Zigarillo rauchender Querdenker mit einem Hang zu schwarzem Humor, bildete ein Dream-Team mit einer aus der Schweiz stammenden, blitzgescheiten Grafikerin, die allein schon wegen des weichen Singsangs ihres Dialektes (sie nannte es Hochdeutsch) jedes Kreativmeeting zu einem Wohlfühlerlebnis machte. Ich beschrieb den beiden die zeitliche und inhaltliche Brisanz des Projektes und konnte sie für mein Vorhaben gewinnen. Ich kaufte Croissants, kochte Kaffee, und als die beiden bei mir im Büro eintrafen, konnte es gleich losgehen. Wir skizzierten und argumentierten und recherchierten.

Erster Gedanke – bester Gedanke. Das geht nicht nur mir oft so. Häufig ist das Naheliegende die richtige Lösung. Kommt nur drauf an, für wen was naheliegend ist. Der Kunde wäre selbst nie darauf gekommen, das Event mit einer crossmedialen Einladung zu bewerben. Für uns erschien es die interessanteste und auch schlankeste Lösung, die mit wenig Aufwand zügig zu realisieren war. Es lief am Ende auf ein peppiges Anschreiben hinaus, das mit einem sogenannten QR-Code arbeitete. (Wenn der Leser sein internetfähiges Handy wie einen Scanner vor das kryptisch aussehende Quadrat hält, funktioniert der Code als Link, der direkt zu einer Homepage führt.) Wir installierten eine kleine Website (Microsite), auf der sich Windräder drehten, Sonnenkollektoren strahlten, das Wasser durch Kraftwerke rauschte – ein knackiges Sounddesign tat sein Übriges. Wir hatten sofort die Aufmerksamkeit des Nutzers und konnten nun die Wichtigkeit des Events mit markanten Headlines hervorheben.

»Wir haben außerdem auf der Microsite einen Gegenstand versteckt.«

Die Präsentation unserer Ergebnisse hatte ich fast abgeschlossen, bereits überall zustimmendes Nicken erhalten, und jetzt kam noch ein Schmankerl zum Schluss.

»Wie, was denn?«, fragten die Teilnehmer der Runde alle durcheinander. Der Jagdtrieb war erwacht, genau da wollte ich sie haben.

»Sagen wir nicht. Sie sollen ja schließlich mitmachen.«

»Was passiert denn, wenn man das Ding findet?«, fragte Frau Wall neugierig.

»Wird nicht verraten.«

»Bekommt man dafür Extra-Punkte?«, wollte Herr Hirschmann wissen.

»Nun lassen Sie die Frau van Laak mal machen«, sorgte Herr Mirgasch als Vorsitzender der Runde für Ruhe. »Sie lassen das jetzt wie besprochen programmieren, bis wann geht das, wir haben wenig Zeit.«

Ich sagte die Fertigstellung innerhalb der nächsten zwei Wochen zu und verabschiedete mich von allen. Alle schienen erleichtert zu sein, dass nun doch eine überzeugende Lösung gefunden worden war.

Herr Hirschmann lief mir noch einige Schritte Richtung Paternoster hinterher und zupfte mich am Ärmel.

»Wir wollen doch nur spielen.«

»Eben«, entgegnete ich und stieg mit der lässigen Routine eines Vielfahrers in die abwärts gleitende Kabine.

Wenn ich auf meine Aufträge zurückblicke, denke ich oft, dass für ein gutes Gelingen vielleicht das Wichtigste *Einfühlungsvermögen* ist. Das Handwerkliche lässt sich erlernen, aber genau hinzusehen und zu erkennen, was der Kunde braucht, ist wichtiger als alles andere. Das Texterhandwerk hat mit Übung, mit aufmerksamem Lesen von anderen Texten, mit geduldigem Feilen an Feinheiten zu tun. Natürlich ist auch Einfallsreichtum und Inspiration notwendig. Aber all das nützt wenig, wenn ich mich nicht von vornherein mit dem notwendigen Fingerspitzengefühl auf den Kunden und sein Anliegen einlasse und dann in der Lage bin zu erspüren, auf welchem Kanal ich den Kunden erreichen kann.

Vor einigen Wochen saß ich in einem kleinen Café, gegenüber war eine riesige Baustelle. Der Cafébesitzer brachte mir einen Cappuccino. Er sah, dass ich interessiert die Bauarbeiten auf der anderen Straßenseite beobachtete.

»Der Krach ist nicht auszuhalten!«, beklagte er sich.

»Was wird denn da gebaut?«

»Irgendsoein kommunales Wohnungsbauprojekt mit 250 Wohnungen. Zwei- bis Fünfzimmerwohnungen. Soll in zwei Monaten fertig sein. Die Mieter sollen so ziemlich alle auf einmal einziehen. Dann hört der Lärm endlich auf, und ich gönne mir eine Pause und werde mal für vier Wochen zumachen.«

Wenn ich so etwas höre, werde ich unruhig. Natürlich gönne ich jedem eine Pause, aber von Einfühlung in die

Befindlichkeiten des Kunden hatte dieser Cafébesitzer noch nie etwas gehört. 250 Zwei- bis Fünfzimmerwohnungen bedeuten rund 700 Menschen, die vielleicht einmal in ein Café gehen wollen. Es geht noch weiter: Menschen, die gerade in einem Umzug stecken, sind gestresst, ihre Kühlschränke sind garantiert leer, sie wachen mindestens an einem Morgen, nämlich am Tag nach dem Umzug, in einem Provisorium auf. Wenn ich Cafébetreiber wäre, würde ich im Vorfeld allen zukünftigen Mietern ein »Umzugsfrühstück« anbieten. Die ganze Familie könnte am nächsten Morgen in meinem Café zu einem Begrüßungspreis frühstücken und das Chaos mit den Umzugskartons für eine Weile vergessen. Im Handumdrehen hätte ich auf diese Weise für mein Café geworben und neue Kunden gewonnen. Ich würde noch weiter gehen und den Mietern einen Korb anbieten, in dem sie alle Lebensmittel finden, mit denen sie ihren Kühlschrank erstbestücken können. Oder ich würde Pizzableche während des Umzugsgeschehens liefern, damit sich die geplagten neuen Nachbarn nicht um das Catering für die Helfer kümmern müssten. Ich hätte noch mehr Einfälle: morgens für die Schulkinder eine nach ernährungswissenschaftlichen Aspekten zusammengestellte Schulbrotdose anbieten, die sie schnell auf dem Weg zur Schule kaufen können, so dass die Eltern zu Hause morgens weniger Arbeit haben. Und den Laden zumachen würde ich gar nicht, sondern eine gute Vertretung haben, während ich meine matten Glieder in der südlichen Sonne wärmen würde.

Man muss kein Marketinggenie sein, um solche Geschäftschancen zu erkennen. Man braucht nur Menschenkenntnis und sollte seine Kunden lieben.

»Mal sehen. Machen wir in HTML und Javascript. Morgen weiß ich mehr.«

Ich pries die erfinderischen Programmierer meine Lieblings-Webagentur, die immer dann, wenn andere Nerds »geht nicht« sagten, nur schwiegen, um nach einer Weile mit dem Kommentar »mal sehen« zu kommen.

Der Kreativchef, die Designerin und ich hatten uns für die Microsite winzige Windräder ausgedacht, die überall innerhalb des Layouts versteckt waren und nur durch MouseOver sichtbar wurden. Diese Windräder waren jedoch unvollständig, also zunächst nur mit einem statt mit drei Rotorblättern versehen. Jeder User konnte diese nur mit Hilfe einer weiteren Person, die an der Veranstaltung teilnehmen wollte, vervollständigen. In den schmal gehaltenen Texthäppchen wurden die Besucher der Microsite aufgefordert, sich zu dritt zusammenzutun und ein Windrad zu »reservieren« – das war quasi die Eintrittskarte für das Event. Es gab einen entsprechenden Link zum einladenden Unternehmen, der öffentliche *XING*-Profile anderer potenzieller Teilnehmer und an Windrädern Interessierter bereithielt. Auf diese Weise war das Unternehmen immer auf dem neuesten Stand, was die Rückmeldungen auf die Einladung betraf. Auf dem Event selbst punkteten die durch die Microsite bereits im Vorfeld entstandenen Dreierteams mit dreiblättrigen Windrädern und konnten sich ihre »Belohnung«, ein knuspriges Lenôtre-Gebäck in Form eines Windrades, abholen. Bevor die Veranstaltung überhaupt begonnen hatte, waren viele Teilnehmer bereits untereinander bekannt und vernetzt, denn sie hatten miteinander gespielt und gescherzt und ein Erfolgserlebnis geteilt.

»Sie glauben ja nicht, was da in der Lobby los war!«, erzählte mir Herr Mirgasch strahlend. »Überall Dreiergrüppchen, wie früher auf dem Schulhof. Und dann die Freude über diese leckeren Teigräder. Die haben sie miteinander geteilt – wie kleine Jungs.«

»Das mit den kleinen Jungs, das kenne ich gut«, sagte ich und freute mich über Herrn Mirgaschs Begeisterung.

»Ach, Frau van Laak, die wollen doch alle nur das eine: spielen.«

»Eben«, sagte ich.

Bei dem Kunden hatte ich von nun an einen Stein im Brett. Das hieß nicht, dass nun wöchentlich Aufträge von ihm hereinpurzelten, jedoch gab es in angenehmen Abständen immer wieder etwas zu tun, und immer fühlte es sich entspannt und richtig an, mit meinem Auftraggeber zu kommunizieren und sich über die Projekte auszutauschen. Es war nicht so wie in den US-Serien, in denen jemand als Handlanger anfängt und irgendwann den ganz großen Coup landet, beide Arme hochreißt, brüllt, das Victory-Zeichen macht und von nun an sorgenfrei leben wird. Nein, meine ersten Erfolge waren weniger spektakulär, dafür jedoch nachhaltig, sowohl was das Finanzielle als auch was das Zwischenmenschliche betraf. Meine Großmutter hätte nach dem gelungenen Abschluss des Events und dem Lob von Herrn Mirgasch gesagt: Das hast du dir jetzt aber verdient, Kindchen.

Als Belohnung machte ich mir abends eine Flasche Sekt auf, prostete mir zu und sagte feierlich: »Das ist ein Meilenstein in deiner Unternehmensgeschichte.«

Was ich nicht wissen konnte: Schon bald sollte es einen Mühlstein in meiner Unternehmensgeschichte geben.

Dafür wollen Sie auch noch Geld haben?

Oder warum es sich lohnt,
gegen Ungerechtigkeit zu kämpfen.

Drei Mal musste mir das passieren, damit es mir nie wieder passieren sollte. Drei verschiedene Kunden, einer zahlte nur einen Teil des vereinbarten Honorars, der zweite verschwand auf Nimmerwiedersehen, der dritte zahlte gar nichts. In allen Fällen war ich zwar juristisch auf der sicheren Seite, aber nicht immer habe ich mich entschieden genug gewehrt. Mal ganz abgesehen davon, dass mich das jedes Mal menschlich sehr mitgenommen hat.

»Herzlichen Dank. War ein klasse Pitch, Frau van Laak. Na, dann freuen wir uns aber auf die Zusammenarbeit!«

Herr John, Geschäftsführer eines mittelständischen Unternehmens, das Laborbedarf herstellte, drehte sich lässig aus dem schweren Ledersessel am Kopfende des Konferenztisches heraus. Ein kurzer Blick in die spiegelnde Oberfläche des großen Matisse-Kunstdruckes über dem Eingang zum Sitzungszimmer, ja, sein Sakko saß immer noch gut. In drei langen Schritten war er bei mir, die ich noch ungeduldig an dem Verbindungsstecker zwischen Laptop und Beamer herumnestelte, während ich versuchte, mir die innere Freude und Erleichterung über den gewonnenen Auftrag nicht allzu sehr anmerken zu lassen.

»Das Material stellt Ihnen meine Assistentin zusammen, wenn Sie Fragen haben, machen Sie beide das unter sich aus, ich bin morgen für drei Tage auf einem Kongress in Hamburg, aber Sie machen das schon, Frau van Laak, Sie sind ja ein echter Profi.«

Herr John zwinkerte mir komplizenhaft zu, ein kräftiger Händedruck, und schon war er wieder aus dem Konferenzzimmer hinaus, ich konnte noch sehen, wie er seine Arme ruckartig nach vorne streckte, so dass die Manschetten seines Hemdes unter den Ärmeln des Jacketts zum Vorschein kamen.

Ich hatte den Job! Jetzt, ganz wichtig, die Assistentin Frau Krawinkel nicht außer Acht lassen! Sie saß noch am schweren Besprechungstisch, blätterte ernst durch das Handout, das ich den beiden vor meinem Kurzvortrag gegeben hatte, und schien ganz in die Inhalte vertieft. Mir kam das Kinderbuch in den Sinn, aus dem ich gerade meiner Jüngsten abends vorlas, das Bild mit der zarten Elfe, wie sie so ganz versunken auf dem Moosteppich sitzt und sich an der Zauberblume ergötzt.

»Frau Krawinkel«, sprach ich sie an, »sollen wir uns gleich zusammensetzen und das Material sichten, von dem Herr John eben gesprochen hat?«

Sie schaute etwas erschrocken auf. Tiefblaue Augen, etwas verhuschter Blick, rote Haare und große Ohrringe mit grünen Steinen. Ich schätzte sie auf Ende zwanzig, vielleicht war dies ihr erster Job. Sie war in der Marketingabteilung des Unternehmens beschäftigt. Sie hatte den ganzen Pitch über geschwiegen. Ob sie ihren Chef einfach nur glänzen lassen wollte oder das Schweigen von ihrer Unsicherheit herrührte, zeigte sich nicht deutlich genug für mich.

»Äh, ja, nein, das muss ich erst noch mit dem Chef besprechen, ich muss das ja alles zusammenstellen, das weiß ich nicht so genau.«

Im Nu hatte sich eine steile Stirnfalte gebildet, dazu die geweiteten Pupillen – da war Angst im Spiel. Klassischer Fall von weisungsgebundenem Posten. Sie durfte nichts alleine entscheiden. Es ist immer schwierig, mit Angestellten, die im Grunde nur Befehlsempfänger sein dürfen, Projekte gemeinsam durchzuziehen. Dabei tönen die Chefs oft, man könne ja alles untereinander regeln, aber letztendlich darf nichts ohne den Chef entschieden werden. Frau Krawinkel schien besonders empfänglich für den Druck zu sein, den Herr John ausübte. Noch ein wenig mehr autoritäres Gehabe von seiner Seite, und die fast durchsichtig wirkende Rothaarige würde sich in Luft auflösen.

Ich versuchte es mit Einfühlung.

»Sie werden sicherlich das Material erst einmal sichten und sich dann absprechen wollen.«

Frau Krawinkel nickte erleichtert, ihre Stirnfalte glättete sich sofort. Der Ledersessel knackte ein wenig, als sie sich erhob, die Rückenlehne schnellte in ihre Ausgangsposition zurück. Sie sammelte beflissen die über den Tisch verteilten Probelayouts ein.

»Kein Problem, ich melde mich dann übermorgen bei Ihnen.« Ich schüttelte ihr die schmale, kalte Hand. Und hatte kurz das Gefühl, sie beschützen zu müssen.

»Sie können mir einen ungeordneten Haufen übergeben, ich bringe dann schon Struktur hinein. Das ist ja meine Aufgabe als Texterin, sozusagen.«

Sie zog einen Mundwinkel hoch, der andere versuchte das verkrampfte Lächeln zu ergänzen. Als sie mich zur Tür brachte, scannte mich die Empfangssekretärin gründlich von allen Seiten – unauffällig, wie sie dachte – und schlug die Augen hastig nieder, als ich ihr laut auf Wiedersehen sagte. Ich war noch nicht ganz draußen, da war Frau Krawinkel schon wieder in Gedanken versunken, das verunglückte Abschiedslächeln war noch auf ihrem Gesicht stehen geblieben.

Mit Laptop und Aktentasche radelte ich fröhlich ins häusliche Büro zurück. Ein guter Auftrag! 1500 Euro netto für die Konzeption und Textkreation einer Imagebroschüre. Das Thema Laborbedarf war zwar nicht unbedingt mein Steckenpferd, aber da würde ich mich, wie in so viele Aufträge bisher auch, gründlich einarbeiten. Schließlich hatte ich schon über Absorptionskälteanlagen, Berufsfachschulen, Baureinigung, orthopädische Chirurgie und historische Stadtkerne geschrieben. Und jedes Mal waren die Kunden zufrieden gewesen. Dass hier alles ganz anders kommen sollte, konnte ich nicht wissen, als ich am Schreibtisch zufrieden meinen Tee schlürfte und mir erste Headlines ausdachte.

Meine mir zugeteilte rothaarige Elfe lieferte in den darauffolgenden Tagen trotz meiner Nachfragen kein Material, keine Textbausteine, rein gar nichts, mit dem ich hätte zumindest konzeptionell besser arbeiten können. Dabei gab es eine vom Kunden klar definierte Deadline, die mir im Nacken saß. Bei Herrn John wollte ich mich nicht bemerkbar machen und petzen, dass seine Angestellte das zugesagte Material nicht lieferte, ich sorgte mich um ihren Stand im Unternehmen. Das war der Fehler Nummer eins. Ich hätte ihren Chef bei einer meiner vielen Mails ins cc setzen sollen. Merke: Es geht zuerst um die eigene Haut, dann um die der anderen. Was im Gemeindeleben, im Umfeld der Schule, in der Nachbarschaft, in der Familie nicht gilt, gilt sehr wohl in der Geschäftswelt. Das musste ich noch lernen. Frau Krawinkel hat mir meine Loyalität übrigens am Ende nicht gedankt, sondern ganz im Gegenteil: Sie nahm sich selbst vor ihrem Chef in Schutz und schob mir die ganze Schuld zu. Auch das ist nichts Ungewöhnliches – in meiner anfänglichen Naivität hat mich dieses Verhalten jedoch fürchterlich empört, und ich schlief mehrere Tage schlecht. Fragt sich, wer hier eigentlich die zerbrechliche Elfe war …

Als Frau Krawinkel mir schließlich ein paar Informationen schickte, fing ich an, auf dieser Basis zu texten, um zumindest eine erste Rohfassung im Zeitrahmen abliefern zu können. Diese erste Fassung schickte ich mit entsprechenden erklärenden Worten an Herrn John. Das war Fehler Nummer zwei. Denn ich überschätzte die Fähigkeit des Kunden, zu abstrahieren und die erste Fassung auch als modifizier- und erweiterbaren Text zu betrachten.

Das Feedback fiel sehr ungnädig aus. Auf einmal war ich in einer Verteidigungsposition, wo doch eigentlich *ich* Grund gehabt hätte, mich zu beschweren. Ungute Gefühle machten sich bei mir breit – und ich machte weiter, Fassung Nummer zwei sollte in 48 Stunden fertig sein. Das war Fehler Nummer drei. Zwar hatte ich vor Abgabe der Texte eine kompetente Kollegin gegenlesen lassen, aber ich konnte mir nicht sicher sein, ob der Kunde nun zufrieden war, denn ich hatte immer noch kein gutes Ausgangsmaterial von ihm bekommen, das genügend Substanz aufwies, um daraus nachvollziehbare Inhalte zu stricken.

»Warum haben Sie uns denn diesen grottenschlechten Text geliefert?«, schnarrte Herr John ins Telefon.

Warum, warum – wenn schon jemand seine Fragen mit »warum« beginnt, bleibt einem fast nur die Rechtfertigungsecke.

»Verstehe ich Sie richtig, dass Sie sich für die vorliegende zweite Textfassung Veränderungen wünschen?«, versuchte ich es.

»Hier wird nicht gewünscht, die Texte sind so schlecht, wir brechen das Ganze ab. Das kann ja mein achtjähriger Sohn besser schreiben.«

»Herr John, solange ich nicht genau von Ihnen erfahre, wie Sie sich die Texte vorstellen, wird es schwierig.«

»Hehehe, für *Sie* wird es bald schwierig. *Sie* sind doch die Texterin. Das müssen *Sie* doch wissen, was gute Texte sind. Morgen kommen Sie in mein Büro, dann schauen wir, wie wir die Kuh vom Eis holen und das zu einem Ende bringen. Passt 11 Uhr?«

Diskutieren hatte hier keinen Sinn. Mein Gefühl: Die wollten die Zusammenarbeit sofort beenden. Gearbeitet hatte ich sicherlich bereits für 1000 Euro – jetzt musste ich retten, was zu retten war. Ich sagte den kurzfristigen Termin zu. Das wiederum war *kein* Fehler. Aber Fehler Nummer vier war, dass ich dort *allein* hinging.

Ich war auf dem Weg zur Unternehmenszentrale so aufgeregt, dass ich auf dem Radweg anhalten musste, um mich auf meinen wichtigsten Gedanken konzentrieren zu können. Ich wollte mindestens ein Drittel des Honorars haben, das nahm mich mir fest vor. Eigentlich standen mir zwei Drittel zu – aber als Untergrenze setzte ich mir 500 Euro.

Die Empfangsdame brachte mich in einen kleinen Besprechungsraum, der große Konferenzraum war leer. Nun saß ich in dem engen dunklen Raum – und musste warten. Erst um 11.20 Uhr erschien Herr John. Aber nicht alleine.

Er brachte einen etwa 50-jährigen Mann im schwarzen Anzug mit – sein Prokurist, wie ich später erfuhr –, Frau Krawinkel und einen weiteren jungen Mann. Es würde mich nicht wundern, wenn das ein Praktikant war, den man in das Meeting mitgenommen hatte, um mich mit der Kombination vier gegen eins einzuschüchtern. Nun saß ich vier sehr ernst dreinschauenden Menschen gegenüber. Herr John stellte mir die beiden Männer nicht vor.

Der Mann im schwarzen Anzug fing ohne Begrüßung an zu sprechen.

»Herr John hat mich genau informiert. Aus juristischer Sicht haben Sie die geforderte Leistung nicht erbracht. Es geht jetzt darum, dass Sie uns das Material aushändigen, das Sie erhalten haben, und die Texte, die Sie bisher erstellt haben. Sie sind zwar nicht zu gebrauchen, aber wir möchten kein weiteres Material mehr in Ihren Händen belassen.«

Der Mann hatte einen seltsamen Mund. Seine Lippen hatten die Farbe seiner Gesichtshaut, sodass seine ganze Mundpartie irgendwie verwischt aussah. Ich wollte wissen, wer er war und welche Funktion er in dieser Runde bekleidete.

»Guten Tag, ich bin Petra van Laak. Sie sind …?«

»Danbart. Bitte übergeben Sie uns die Unterlagen. Hier haben wir eine Aufhebungsvereinbarung vorbereitet, die Sie bitte unterschreiben möchten.«

Er reichte mir ein DIN-A4-Blatt über den Tisch. Ich überflog es und versuchte, dabei ruhig und gefasst zu wirken. »Keine weiteren Honorarzahlungen« usw. hieß es darin.

»Es ist sehr schade, dass Sie meinen, die Texte seien nicht zu gebrauchen. Da ich jedoch Leistungen in Höhe von 1000 Euro erbracht habe, werde ich das hier nicht unterschreiben.«

Unter meinen Achseln tropfte mir der Schweiß in die Bluse. Mein Merkspruch kurvte in meinem Hirn herum: nicht unter 500 Euro, nicht unter 500 Euro hier raus.

»Ich sehe keine andere Möglichkeit«, meldete sich jetzt Herr John. Frau Krawinkel reichte ihm einige Ausdrucke und tippte auf einen Textabsatz.

»Hier, zum Beispiel«, fing Herr John an zu zitieren, »*Unser Sortiment ist überaus vielfältig. Wir beliefern Industrie, Wissenschaft und Forschung. Da kommt es auf eine gute Beratung an, damit jedes einzelne Produkt zu Ihrem Labor und zu Ihnen passt.* Sie haben nichts begriffen. Schrott. Dafür wollen Sie auch noch Geld haben, ja? Unterschreiben Sie, und wir alle können wieder weiterarbeiten.«

»Ich kann Ihr Urteil nicht nachvollziehen.«

Ich blieb standhaft, zog mein Jackett etwas über der Brust zusammen und hoffte, dass niemand die Schweißflecken auf der Bluse bemerken würde.

»Gut, dann beenden wir jetzt dieses Gespräch. Jochen, sagst du dann Rechtsanwalt Mayer Bescheid. Sie hören von uns, Frau van Laak.«

Herr John, Jochen Danbart mit dem konturenlosen Mund, Frau Krawinkel und der junge Mann, der stumm dabeigesessen hatte, erhoben sich und gingen aus dem Raum. Ich nahm etwas fahrig meine Tasche und ging mit unsicherem Gang aus dem Gebäude hinaus zu meinem Fahrrad.

Meine Knie schlotterten, als ich wieder zu Hause ankam. Jonas sah mich wie ein Häufchen Elend am Küchentisch sitzen und fragte, was los sei. Ich erzählte in knappen Worten von dem Kunden und den ganzen Umständen.

»Jetzt erst mal einen schönen Kaffee, Mama. Die spinnen, mach dir nichts draus.«

Mein Ältester machte mir einen etwas zu starken Kaffee und verzog sich wieder in sein Zimmer, als er merkte, wie wortkarg ich blieb.

»Mama, komm mal.«

»Jonas, nicht jetzt. Ich kann nicht mehr.«

»Doch, komm mal, das musst du dir ansehen.«

Ich schleppte mich in Jonas' Zimmer und rechnete damit, wieder eines dieser sündhaft teuren Single Speed Bikes gezeigt zu bekommen, von denen mein Sohn neuerdings träumte.

»Mama, das ist doch dieses Laborzeugs, oder? Guck mal, die sind auch auf Facebook, hab mir gerade durchgelesen, was die so machen. Also der Online-Redakteur von denen, der kann zumindest texten.«

Ich stützte mich auf Jonas' Schreibtisch und schaute ihm über die Schulter. Das Unternehmensprofil war umfangreich. Der Text begann so: *Unser Sortiment ist überaus vielfältig. Wir beliefern Industrie, Wissenschaft und Forschung. Da kommt es auf eine gute Beratung an ...«*

Was daraufhin passierte? Bevor ich etwas von Rechtsanwalt Mayer zu hören bekam, erwähnte ich in einer sorgfältig formulierten Mail gegenüber der Geschäftsleitung, dass meine Texte offenbar gut genug waren, um sie vollständig und ohne eine einzige Korrektur auf dem Facebook-Firmenprofil einzustellen (sie waren dort nach genauer Recherche bereits seit drei Tagen online gewesen). Dies führte zu einer sofortigen Wiederaufnahme der Gespräche, jedoch nur via Telefon. Ich hatte vorsorglich einige Screenshots von der Facebook-Seite gemacht und diese mit Datum und Uhrzeit in einem Ordner abgelegt. Man konnte nie wissen. Spätere Beweisführung oder so.

Innerhalb von zwei Telefonaten einigten wir uns auf ein

Honorar von 500 Euro, das tatsächlich innerhalb von einer Woche überwiesen wurde. Ich bestätigte den Erhalt des Geldes in einer neutralen, kurzen Mail. Daraufhin erhielt ich eine Antwort von Herrn John. Es täte ihm leid, wie die Sache gelaufen sei. Man sehe sich ja immer zwei Mal im Leben, und daher wäre es doch schön, wenn wir die Differenzen beilegen könnten.

Ich antwortete so knapp wie möglich darauf: »Entschuldigung akzeptiert.«

Als ich Herrn John ein Jahr später auf einem Empfang erkannte, machte ich einen großen Bogen um ihn – ich kann auf eine zweite Begegnung gut verzichten, und noch heute wünsche ich ihm den größten beruflichen Misserfolg, den ich mir nur vorstellen kann.

Der zweite Kunde, der meine Moralvorstellungen bezüglich Geschäftsgebaren in ihren Grundfesten erschütterte, hatte mich nicht nur um mein – zum Glück nicht besonders hohes – Honorar geprellt, sondern sich spurlos ins Ausland abgesetzt. Ich war aber nicht die Einzige, die das betraf. Zahllose Lieferanten waren in ein finanzielles Desaster geschlittert, als sich herausstellte, dass die Firma über Jahre falsch abgerechnet hatte, dann damit aufgeflogen und nun zahlungsunfähig war. Die beiden Geschäftsführer hatten die letzten Gelder zusammengerafft und waren auf Nimmerwiedersehen verschwunden.

»Zeit für juristischen Beistand«, ging es mir durch den Kopf. Ich beschloss, mir einen Rechtsanwalt zu suchen. Ein Kollege empfahl mir Florian Tennershagen. Eine Woche später betrat ich seine kleine Kanzlei.

Ich dachte, so etwas gäbe es nur in amerikanischen Gerichtsserien: knarzende Ledermöbel, old english style, mahagonifarbene Regale, in denen meterweise juristische Literatur steht, die Rücken der Bände mit für Laien unentzifferbaren Zeichen und Ziffern versehen – in Gold-Prägedruck. Eine zugeknöpfte Sekretärin hinter einem mächtigen Empfangstresen, viel zu hohe Decken, von denen viel zu grelle Neoleuchten hingen. Ich war gespannt, ob Herr Tennershagen sich womöglich mit grauem Anzug und grauem Haar, einer Brille mit Goldfassung und goldenen Manschettenknöpfen in dieses filmreife Setting perfekt einfügen würde.

Nichts dergleichen. Rechtsanwalt Tennershagen empfing mich in seinem Zimmer (old english style, jedoch völlig chaotisch anzusehen, mit Aktenbergen auf dem Fußboden und auf etlichen Beistelltischen). Und Tennershagen war eine blonde Ausgabe von Danny DeVito. In Jeans und T-Shirt. Die Ähnlichkeit war so verblüffend, dass ich ihn ungebührlich lang anstarrte.

»Kommen Sie mir jetzt nicht mit dem Rosenkrieg«, scherzte Herr Tennershagen. Ich war also nicht die Erste, die den Film mit Danny DeVito als Anwalt der verkrachten Eheleute, gespielt von Michael Douglas und Kathleen Turner, direkt vor Augen hatte.

Ich taufte meinen Anwalt in Gedanken »Tenny DeVito«. Auf dem Besuchersessel vor seinem Schreibtisch lag zusammengeknüllt seine Anwaltsrobe, die er eilig wegnahm und in ein Regal hinter sich stopfte. Ich hoffte für ihn, dass sein Exemplar aus bügelfreiem Polyester war, sonst hätte es beim nächsten Gerichtstermin schlimm um Tenny DeVito gestanden.

»Was gibt's? Erzählen Sie mal«, begann er das Gespräch.

Ich erzählte von dem verschwundenen Kunden, und er winkte gleich ab.

»Kenn ich. Ich betreue vier Mandate in dieser Sache. Aussichtslos. Bei Ihnen geht es ja um nichts, 'tschuldigung, im Vergleich mit den anderen, meine ich. Wenn ich da was für Sie unternehmen soll, kostet es nur Geld. Finger davonlassen, ist zumindest mein Rat.«

Ich befolgte Tennys Rat. Und nahm mir vor, seine Expertise beim nächsten Mal in Anspruch zu nehmen. Darauf musste ich leider nicht lange warten.

Die guten Erfahrungen, die ich im Lauf der Zeit machte, überwiegen bei weitem. Wenn von diesen drei fiesen Kunden hintereinander erzählt wird, mag ein anderer Eindruck entstehen. Keine Sorge – dies sind die Ausnahmen, und mit einer zunehmend gelasseneren Haltung sorge ich dafür, dass dies auch Ausnahmen bleiben. Bestimmte Prinzipien bei der Auftragsvergabe, bei der Rechnungslegung, bei Absprachen sind mir mittlerweile in Fleisch und Blut übergegangen. Geht es um größere Summen, halte ich bereits im Angebot fest, dass ein erster Abschlag nach Auftragsvergabe fällig wird, ein zweiter Abschlag nach Lieferung der Texte, Konzept und dergleichen. Die dritte und letzte Summe wird nach Abschluss des Projekts (zum Beispiel der Online-Gang einer Website oder der druckfrisch vorliegende Katalog) fällig. Jeder Auftrag muss schriftlich erfolgen, und sei es eine Unterschrift, die der Kunde unter mein Angebot setzt und mir als Scan zurückmailt. Selbstverständlich enthält jede Rechnung eine Frist, innerhalb derer der Betrag fällig wird. Wenn der Rechnungsempfänger die Frist nicht einhält, wird er sogleich in Verzug gesetzt. So erspart man sich langwierige Mahnverfahren und kann gegebenenfalls sofort einen Mahnbescheid gegen den säumigen Zahler erlassen. Aber zu besagtem Zeitpunkt war die Gründung meines Büros erst dreizehn Monate her, und ich musste noch einmal Lehrgeld zahlen.

Ein Kunde war besonders dreist und erklärte mir nach Vollendung des Auftrags (Texte für eine umfangreiche Imagebroschüre, die seit einigen Wochen gedruckt vorlag), er habe mich nie beauftragt und daher müsse er mich auch nicht bezahlen.

»Endlich eine Gelegenheit für meine blonde Ausgabe von Danny DeVito, in Aktion zu treten«, dachte ich und fühlte mich schon gar nicht mehr so elend. Die Mails der Gegenseite waren frech, undifferenziert, unverschämt. Ich leitete nur an Tennershagen weiter, der zügig Klage erhob. Allein deshalb ist juristischer Beistand schon ein Segen: Man hält sich den Ärger vom Leib, und der Jurist schaut nüchtern und ergebnisorientiert auf die Sache drauf. Die eigene emotionale Involviertheit reduziert sich erheblich – gesund für Seele und Herz.

Tanny DeVito bestellte mich in seine Kanzlei – war sein Zimmer noch ein wenig chaotischer geworden seit meinem letzten Besuch? – und besprach mit mir seine Strategie. Die Beweislage war klar. Jedoch war der Auftrag über zwei Ecken erteilt worden, deshalb hielt er es für angebracht, noch eine Zeugin dazuzuholen, die als Endabnehmerin der Imagebroschüre den Verlauf des Auftrages in seinen einzelnen Schritten mitbekommen hatte. Sie wurde vor Gericht als Zeugin zugelassen.

Wir fuhren zu dritt an einem der schneereichsten Tage im Januar zum zuständigen Amtsgericht. Wir hatten mit spiegelglatten Straßen und Schneechaos gerechnet und waren früh um sieben losgefahren. Wir trafen pünktlich ein, es war sogar noch Zeit für einen Kaffee im Stehen.

Die Verhandlung selbst war geradezu fade. In zehn Minuten waren wir wieder draußen. Die Richterin hatte mir signalisiert, dass sie uns in allen Punkten recht gab. Um das Verfahren schnell zu beenden, sei jedoch ein Vergleich das beste Mittel. So erhielt ich zwei Drittel meines ursprünglich vereinbarten Honorars, die Gegenseite hatte außerdem die Gerichts- und Anwaltskosten zu tragen.

»Musste das sein?«, fragte ich mich auf dem Rückweg. Für den verstockten Kunden war nun alles noch viel teurer geworden, und ich hatte dafür auf ein Drittel meines Lohns verzichten müssen. Wir hatten mit unserer Lappalie Anwälte und Gerichte und Sachbearbeiter beschäftigt. Wie absurd das alles war!

»Sehen Sie?«, sprach mich Tennershagen an. »Das war zwar ein mieser Job, und diese Malefizperson hat nix kapiert, aber jetzt wissen Sie wenigstens, dass sich das Kämpfen lohnt.«

Den Begriff und seine Bedeutung kannte ich nicht, war aber zu müde, um nachzufragen. Im Sommer drauf machte ich mit meinen beiden jüngsten Kindern Urlaub in Franken. An einem Tag machten wir einen Ausflug in die mittelalterliche Kleinstadt Iphoven. Wir gingen durch ein uraltes Stadttor, und Till las laut die Informationstafel vor:

»*Mittagsturm, diente als Verwahrungsort für ›Malefizpersonen‹, d.h. für jene, die mit der Kriminalgerichtsbarkeit in Konflikt geraten waren.* Okay, weiter, wo gibt es eine Eisdiele?«

Wenig später schleckten wir unser Eis und gingen dabei in dem Städtchen auf und ab. Ich stellte mir vor, wie mein fieser Kunde im Iphovener Mittagsturm verwahrt wurde.

Es wurde ein richtig netter Tagesausflug.

Was macht denn das für einen Eindruck?

Oder warum Äußerlichkeiten wichtig, aber nicht alles sind.

Wenn man sich ein Bad mit vier Heranwachsenden teilt, können Sie sich vorstellen, wie es frühmorgens zugeht.

Bei uns gab es ein festes Ablaufschema. Um selbst morgens Ruhe zu haben, gab es für mich zwei Optionen: entweder *vor* den Kindern meine Zeit im Bad nutzen oder erst dann, wenn alle zur Schule aus dem Haus gestürmt waren. Ich entschied mich bis auf einige wenige Male im Jahr für die Vorher-Variante, und das bedeutete: Der Wecker klingelte um 5.30 Uhr. Zwischendrin Frühstück machen, Zeugs für die Butterbrotdosen herrichten (bestücken mussten die Kinder selbst), im letzten Moment noch etwas unterschreiben (»Kannst du damit nicht früher kommen?« – »Bitte Mama, ich krieg sonst Ärger!«) oder ein unaufschiebbares Problem klären (»Meine Haare sehen heute abartig aus, so kann ich nicht zur Schule gehen.«).

Das Ablaufschema verfeinerte ich, indem ich meine Kosmetika in mein Zimmer auslagerte, um während des morgendlichen Badwahnsinns zeitlich flexibel an mir weiterarbeiten zu können. Ich war nicht immer bereits um 5.45 Uhr in der Lage, aus dem Zombie, den ich morgens im Spiegel erblickte (und es immer noch tue), innerhalb von wenigen Minuten eine Unternehmerin zu gestalten, die man da draußen in der rauhen Geschäftswelt ernst nehmen würde.

Schwierig konnte es werden, wenn Übernachtungsbesuch da war und dieser in die Badnutzungszeiten dazwischen getaktet werden musste.

»Marion, ich stehe um 5.30 Uhr auf und gehe dann als Erste ins Bad.«

»Okay, Petra, dann geh ich danach rein.«

»Moment, erst ist Frieda dran, die ist ungefähr um 6.10 Uhr …«

»Gut, dann eben 6.10 Uhr.«

»Hm, sorry, nee, erst kommt noch Millie, die wäscht sich morgen die Haare, braucht etwas länger, danach Till, warte mal, so zwischen 6.55 und 7.15 könnte es klapp–«

»Nehm ich! Nehm ich!«, fuhr Marion eifrig dazwischen – eine kluge Entscheidung, denn sonst hätte Jonas ihr diesen Slot weggeschnappt.

Wenn ich auf Geschäftsreise und morgens alleine im Badezimmer eines Hotels bin, kommt mir die Zeit unendlich lang vor. Ich erwarte manchmal, dass eins meiner Kinder an die Tür klopft und mich zur Eile mahnt. Ich empfinde es als großen Luxus, ab und an einen Morgen zu haben, an dem ich nicht für meine Kinder, sondern nur für mich da sein muss. Ich führe dann jeden Handgriff bewusst aus, schlürfe den ersten Kaffee und fühle mich wie ein strapazierter Promi, dem es gelungen ist, für zwei Tage unerkannt dem üblichen Rummel zu entrinnen. Fürs Schminken nehme ich mir jede Menge Zeit, und zwar aus Prinzip, um es den lächerlichen zehn Minuten, die ich sonst zur Verfügung habe, zu zeigen. (Ob das Ergebnis deshalb besser ausfällt, steht auf einem anderen Blatt.)

Machen wir uns nichts vor: Äußerlichkeiten sind wichtig. Nicht jeder sieht mit dem Herzen gut, und da kann das richtige Outfit, die gut sitzende Frisur, der schicke Aktenkoffer durchaus der Wahrnehmung meines Gegenübers ein wenig auf die Sprünge helfen.

Man muss es ja nicht übertreiben. Es gibt schließlich noch Wichtigeres: nämlich die Leistung und Qualität der Arbeit.

Mir hilft immer dieser simple Vergleich: Meine Visitenkarte ist zwar sehr schlicht, aber professionell gestaltet. Sie braucht keinen Golddruck, kein marmoriertes Spezialpapier, kein Foto, keine aufklappbare Seite oder so. Sie drückt aus, dass es sich hier um eine professionell agierende Texterin bzw. Agentur für Unternehmenskommunikation handelt, von der der Kunde anständige Arbeit erwarten kann. Wenn ich meine Visitenkarte überreiche, geht nicht gleichzeitig eine 16-seitige Imagebroschüre mit eingelegter DVD oder ein anderes Give-away mit über den Tisch. Das bedeutet für mein Gegenüber: Größe und Relevanz meiner Unternehmung sind sofort einschätzbar. Es handelt sich um eine kleine, feine Agentur, für die die Konzeption einer Werbekampagne für BMW eine Nummer zu groß wäre. Und für die der Auftrag, einen Wurfzettel für gebrauchte Kühlschränke zu betexten, zu klein bzw. ungeeignet wäre.

Wenn im Idealfall die Visitenkarte, das Geschäftspapier, der Flyer, die Website, also die Kommunikation des Unternehmens nach außen, dazu führen, dass das Unternehmen richtig eingeschätzt wird, so sollte auch das persönliche

Auftreten des Unternehmers dem entsprechen. Sendet meine Visitenkarte die Botschaft »seriöse kleine Agentur« aus, so wäre es unpassend, wenn ich mit einem Mercedes SLS vorfahre und ausschließlich Haute Couture tragen würde. (Nichts gegen schöne Autos und maßgeschneiderte Mode!) Ich würde ebenso das falsche Signal aussenden, wenn ich mit hennagefärbtem Haar und einem wallenden Kleid aus dem Schrank meiner Tochter, die gerade eine Hippiephase durchmacht, auftauchte. Wichtig ist, dass keine Kluft zwischen fachlichem, inhaltlichem, unternehmerischem Anspruch und dem äußeren Erscheinungsbild entsteht.

Ganz am Anfang meines Geschäftslebens machte ich einen Antrittsbesuch bei einer anderen Agentur. Die Chefin, Frau Pacholle, war eine quirlige, vor Ideen nur so sprühende Frau Anfang fünfzig, die schon seit 20 Jahren in dem Business und mit allen Wassern ihrer eigenen Branche (Bildungsveranstaltungen) gewaschen war. Ihr Büro war klein, bescheiden, aber optimal gelegen, so dass jeder Kunde gerne zu ihr kam. Es gab Parkplätze vor der Tür, Bus und Straßenbahnhaltestelle gegenüber, zur nächsten Autobahnauffahrt waren es fünf Minuten. Ansonsten gab es nichts Repräsentatives, es war nur ein funktionstüchtiges Agenturbüro.

»Wir Frauen haben es doch gut in dieser Unternehmerwelt«, fing Frau Pacholle das Gespräch an und lehnte sich bequem in ihrem großen Chefsessel zurück. Aus ihrer dichten, dunkelblonden Pagenfrisur blitzten dezente Ohrringe in tiefgelbem Gold hervor.

»Wie meinen Sie das?«

»Wir müssen nicht so angeben wie die Männer.«

»Sie meinen, mit unserer Leistung?«

»Nein, nein, da geben wir ja leider viel zu wenig mit an. Ich meine die Statussymbole.«

»Mein Haus, mein Pferd, mein Boot?«

»Mein Auto. Was fahren Sie für ein Auto, Frau van Laak?«

»Einen Audi.«

»Bestimmt älter als drei Jahre, oder?«

Jetzt musste ich schmunzeln. Den Audi hatte ich von meinem Vater geerbt.

»16 Jahre, 280.000 Kilometer auf dem Tacho.«

»Ha! Hab ich's nicht gesagt! Und?! Verstecken Sie Ihr Auto hinter zwei Ecken, wenn Sie damit zum Kunden fahren? Ich kenne einen Unternehmer, der ein bisschen Pech hatte im Geschäft, inzwischen fährt er einen fünf Jahre alten Skoda, vorne eine kleine Macke drin, und parkt den Wagen immer 500 Meter weiter, so sehr schämt er sich dafür.«

»Braucht er doch nicht. Mach ich doch auch nicht.«

»Wenn Sie mit Ihrem Audi beim Kunden vorfahren, wird der Kunde niemals denken, hm, die kann nicht texten. Wenn aber ein Mann mit so einem Schätzchen vorfährt, was macht denn das für einen Eindruck? Da denkt der Kunde, was, der kann sich kein ordentliches Auto leisten, was ist denn das für einer. Glauben Sie mir, wir Frauen haben es da besser.«

Wir sprachen noch darüber, dass Unternehmerinnen immer noch oft ihr Licht unter den Scheffel stellen, obwohl sie häufig mehr leisten als ihre männlichen Kollegen, die schnell dabei sind, wenn es darum geht, der Umgebung mitzuteilen, was für ein toller Hecht sie sind. Wir sprachen darüber, ob man Kunden zu Weihnachten beschenken sollte oder nicht (es war Anfang November), und über die Ungerechtigkeit, dass sich Frisörtermine (wir beide ließen uns regelmäßig Strähnchen machen) steuerlich nicht absetzen lassen. Nach einer guten halben Stunde verließ ich das kleine Büro wieder und überquerte die Straße, um zu meinem Auto zu gelangen.

Lange stellte sich mir dann aber gar nicht mehr die Frage, ob der alte dunkelrote Audi womöglich geschäftsschädigend war. Im Familienrat beschlossen meine umweltbewussten Kinder, dass wir in unserer fahrradfreundlichen Stadt kein Auto brauchen, und im Handumdrehen wurde dessen Abschaffung beschlossen. Wir schenkten es meinem Bruder Karl, dem wir das frisch gewienerte Auto mit einer gigantischen weißen Schleife auf dem Dach präsentierten. Das Lachen, welches wir dadurch bei ihm, bei Passanten und Nachbarn auslösten, war den Verzicht auf unser Gefährt allemal wert.

Das Fahrrad ist mittlerweile zu meinem Markenzeichen geworden. Es ist übrigens weder ein Designerbike mit Carbonrahmen, für dessen Erwerb man einen Kredit aufnehmen muss, noch ein Lifestyle-Produkt wie diese minimalistischen Fixie Bikes, die gerade alle Leute in Berlin-Mitte fahren. Auch Fahrräder können Statussymbole sein, die den Halter zum Beispiel als Erfolgreichen, Kreativen oder mächtigen Entscheidungsträger auszeichnen. Ich bin davon genauso weit entfernt wie damals mit meinem alten Audi. Frau Pacholle lachte, als ich ihr mein Fahrrad bei einer zufälligen Begegnung am Rathaus als »mein neues Auto« vorstellte. Vorbei war die Zeit, da ich mir Gedanken darüber machen musste, ob das Gefährt zu meinem Business passte oder nicht.

Dafür konnte ich mich jetzt mehr auf die Garderobe konzentrieren – machte sowieso viel mehr Spaß.

144

»Viel zu formell, die meisten Frauen ziehen sich viel zu formell an«, so die Aussage einer Masken- und Kostümbildnerin, für die ich eine Website betextet hatte. Sie hatte sich mit einem weiteren Standbein darauf spezialisiert, Businessfrauen zum Thema Make-up und Garderobe zu beraten, ein lukratives Geschäft, wie sich herausstellte, denn ich war nicht die Einzige, die unsicher war, was ging und was nicht.

»Das erste Bild, das in unseren Köpfen auftaucht, wenn wir an Businessmeetings denken, sind Männer in dunklen Anzügen und Frauen in gedeckten Farben, gerne im Kostüm«, belehrte sie mich, während sie ihre Mappe nach geeignetem Bildmaterial für ihren Internetauftritt durchsuchte.

»Wer sagt denn, dass wir diesem Klischee entsprechen müssen? In erster Linie geht es doch darum, dass wir uns in unserer Kleidung wohl fühlen sollen, oder?«

»Ich kann aber schlecht in meiner Schlumpfhose und meinem ausgewaschenen Lieblings-T-Shirt zum Meeting gehen.«

»Na logisch. Jetzt mal im Ernst. Gestern hatte ich eine Dame hier sitzen, die bis vor kurzem internationale Teams gesteuert hat. IT-Branche, Qualitätssicherung, jeden Tag auf einem anderen Kontinent. Die hat den ganzen Schrank voller dunkelblauer Kostüme. Inzwischen hat sie sich als Consultant selbständig gemacht und hat mich gefragt, ob sie vielleicht etwas anderes als Dunkelblau tragen könnte.«

»An ihrer Stelle würde ich alles bei Oxfam abgeben und mir neue Klamotten kaufen.«

»Genau das wird sie machen. Und nächste Woche sind wir zum Power-Shopping verabredet, wir haben eine Riesenkabine bei SinnLeffers gemietet, und dann sehe ich zu, dass Farbe Einzug hält.«

Kürzlich hatte ich bei einem Netzwerktreffen Gelegenheit, besagte Dame kennenzulernen. Sie trug eine Chino in Beige, dazu eine champagnerfarbene Seidenbluse. Um die Schultern hatte sie nachlässig-locker ein großes Tuch in Rot-Tönen gelegt, am Arm hing eine kompakte Handtasche in Korallrot. Wow! Es sah edel und elegant aus, gleichzeitig bequem und unprätentiös. Kurz versuchte ich mir vorzustellen, wie sie früher in ihrem dunkelblauen Kostüm ausgesehen hatte – korrekt, nüchtern, unauffällig wahrscheinlich.

Im Hier und Jetzt machte sie einen angenehmen Eindruck auf mich; viel wichtiger war sicherlich, dass sie sich selbst in ihrem Outfit offensichtlich wohl fühlte. So würde meine persönliche Empfehlung lauten: Sehen Sie zu, dass Sie sich nicht verkleiden, sondern das Äußere zu Ihrem Typ, zu Ihrer Gestimmtheit passt – dann wird auch der Eindruck stimmen, den Sie bei Ihrem Gegenüber hinterlassen. Dies hat ein Stück weit mit Authentizität zu tun, denn wir spüren intuitiv, wenn Kleidung, Accessoire, Frisur, Statussymbol nichts mit der Persönlichkeit zu tun haben und daher aufgesetzt wirken.

Die beruhigendste Nachricht jedoch bleibt: Letztendlich müssen Sie die Beste, nicht die Schönste sein. Und darüber reden, dass Sie die Beste sind. Wie schon Frau Pacholle sagte: Ein wenig mehr Angeberei schadet nicht.

»Habe letztens erst wieder eine Anfrage ablehnen müssen, unter 10 000 fasse ich nichts mehr an.«

»Mein Entwurf für die kleine Kampagne der NGO wurde sogar umgesetzt, allerdings leicht verändert, die Chefs wollten noch ein paar Sachen drinhaben, auf die ich selbst nicht gekommen war.«

»Unser Webmagazin ist ein ganz großer Hit. Jetzt klopfen schon die Art-Direktoren aus Hamburg bei uns an. Aber die müssen unsere Quali erst mal erreichen.«

»Nach dem Riesen-Briefing ging mir erst mal die Flatter. Aber es war gar nicht so schwer, ich habe mir Expertenrat eingeholt und mich immer wieder rückversichert beim Kunden, und am Ende stand ein ganz ordentliches Ergebnis.«

»Unser Web-Admin hat gerade eine weitere Subseite einrichten müssen, unsere vielen Awards passen nicht mehr auf die Startseite drauf.«

Das war übrigens gerade eine typische Unterhaltung, gehört auf einem Netzwerktreffen für Freelancer aus dem Bereich der Berliner Kreativwirtschaft. Und jetzt raten Sie mal, wer von den Sprechern männlich und wer weiblich ist …

Blankes Prahlen muss es natürlich nicht gleich sein. Ich bin auch nicht willens, mich dem grässlichen Zwang zur Selbstvermarktung bedingungslos zu unterwerfen. Es ist wichtig, seinen Platz zu kennen. Aber das bedeutet ja keinesfalls, dass man immer dort hocken bleiben muss. Oder nicht darüber reden darf.

Aufgeben gilt nicht, Frau van Laak!

Oder warum Sie unbedingt jemanden brauchen, der an Sie glaubt.

Dass es leicht werden würde, hat ja niemand behauptet. Das erste Jahr war überstanden. Die Einnahmen-Überschuss-Rechnung wies einen lächerlichen Gewinn aus. Aber wir waren ja alle fünf sparsames Wirtschaften gewohnt.

Ich hatte am Anfang mit allem gerechnet: mit zähen Honorarverhandlungen, pingeligen Kunden, endlosen Korrekturschleifen, schwieriger Auftragslage. Ich wusste, dass vier in die Pubertät hinüberleitende Kinder eine sehr komplizierte Angelegenheit sein können. Ich war gefasst auf die komplexe Organisation unseres Alltaglebens, auf das Einbasteln von kurzfristig zu erledigenden Projekten in meine überbordenden Familienpflichten und in meine kaum vorhandene Freizeit. Ich fühlte mich genügend gewappnet, zumal die Jahre davor auch kein Zuckerschlecken gewesen waren. Dennoch: Nach 16 Monaten Selbständigkeit ging ich auf dem Zahnfleisch.

Zwei fest zugesagte Aufträge waren abgesagt worden, ich hatte drei Kunden, die verspätet zahlten, ich schlug mich seit vier Monaten mit einem Kundenmagazin (achter Korrekturdurchlauf) herum. Ich hatte zwei Erkältungen durchgemacht, zu Hause ein Kind mit Pfeiffer'schem Drüsenfieber gepflegt und einen Knaben durch harte Maßnahmen vor dem Sitzenbleiben gerettet. Zu allem Überfluss flatterte mir dann noch eine Anzeige ins Haus, weil Jonas und sein bester Freund mit einer heimlich gekauften Softball-Pistole ihren Testosteron-Überhang durch Beschießen des benachbarten Altenheim-Gartens kompensiert hatten.

Nach all der Plackerei wiesen mein Geschäfts- und mein Privatkonto nur winzige Beträge auf – das konnte doch jetzt nicht alles gewesen sein?! Geknickt schlich ich zum Wohngeldamt und beantragte eine erneute Bewilligung von Zuschüssen zur Miete. Ich saß immer noch mit vier Kindern in der Wohnung, in der sich Till und Millie ein Zimmer teilten und ich meinem Business im Schlaf-Wohn-Arbeitszimmer nachging. Ich beklagte mich nicht – es waren nur die täglich sichtbaren Grenzen meines Unterfangens, die mich zermürbten.

Auf dem Wohngeldamt hieß es wieder eine Nummer ziehen, warten, nebenbei an einem Folder-Text schreiben, zwei Telefonate (Rufumleitung) auf dem Flur entgegennehmen, die Blicke der Frau neben mir (grauer Popelinemantel, am Saum geflickt, in der Mitte mit einem nicht dazu passenden, andersfarbigen Gürtel festgezurrt) ignorieren. Sie sah aus, als habe sie den amtlichen Zuschuss zur Miete viel nötiger als ich, und ich war ein wenig beschämt und fühlte mich unwohl, wie ich da im Wartebereich mit meinem Business-Handy hantierte. Ich sprang flugs auf, als meine Nummer unvollständig im beschädigten Display über den Köpfen der Wartenden aufflackerte.

Die für »L« zuständige Sachbearbeiterin war wie alle auf diesem Amt sehr freundlich und zugewandt. (Gerade *weil* sie so empathisch war, ging es mir nachher schlechter als vorher.) Sie begutachtete routiniert meine Antragsformulare und ließ sich die BWAs der letzten Monate geben. Dann ließ sie die Papiere sinken und schaute mich lange an. Ich entdeckte etwas in ihren Augen, das ich bisher bei ihr noch nicht kannte, aber ich konnte es nicht einordnen.

»Das ist alles richtig ausgefüllt, Frau van Laak. Ich kümmere mich drum. Aber jetzt was anderes.«

Hatte ich vielleicht keine Aussicht auf eine Verlängerung von Wohngeldzahlungen? Kam nun ein Hinweis darauf, meine Buchführung anders gestalten zu müssen?

»Sie sind alleinerziehend, vier Kinder. Ich sehe, dass Sie mit dem Jugendamt zu tun haben, wegen Unterhaltsvorschuss. Dann das bisschen Gewinn aus Ihrer Firma. Wie wollen Sie denn weitermachen, gute Frau? Sie sehen aus, als ob Sie mal Urlaub machen sollten.«

Sie machte eine kurze Pause und tätschelte ganz kurz und etwas scheu meinen Handrücken. Ihre Hand fühlte sich warm und gut an. Ihre Augen waren von Lachfalten umrahmt und hatten etwas Gütiges an sich. Ihr Mund war etwas zu rosa geschminkt, um ihren Hals baumelte ein dickes goldenes Herz.

»Bitte denken Sie drüber nach, liebe Frau van Laak. Sie sind zwar Mutti, aber Sie müssen auch an sich denken. An Ihrer Stelle würde ich Hartz IV beantragen. Und dann ganz in Ruhe weitersehen. So geht das auf jeden Fall nicht mehr lange gut.«

Was hatte sie da gesagt? Hartz IV?!

»Auf Wiedersehen. Denken Sie drüber nach. Einfach mal abschalten dürfen. Alles Gute.«

Ich wackelte beklommen die Amtstreppe hinunter und hatte auf einmal einen Kloß im Hals. Jetzt merkte ich, was in ihrem Blick gelegen hatte: Mitleid.

Zu Hause schaltete ich den Anrufbeantworter an und legte mich aufs Bett. Ich muss zweieinhalb Stunden geschlafen haben, denn Millie kam von der Schule nach Hause und weckte mich.

»Mama, bist du krank?«

Benommen und müde müde müde schlurfte ich in die Küche und bereitete Millies und meine Kaffeezeit vor, ein kleines Ritual, das wir uns gönnten, wenn sie aus der Schule kam und die älteren Geschwister noch Unterricht hatten. Auf dem Küchenstuhl lag die Zeitung vom Wochenende, ich blätterte lustlos darin und blieb bei den Stellenanzeigen hängen. Plötzlich erschienen mir die dort angebotenen Arbeitsstellen in einem verheißungsvollen Licht. Referentin für …, Redakteurin …, PR-Beraterin …, Online-Verantwortliche … Ich wusste plötzlich: Das war die Rettung. Jeden Monat regelmäßig Geld auf dem Konto haben. Jeden Morgen zu einer festen Arbeitsstelle gehen. Vielleicht würde ja auch eine klitzekleine halbe oder viertel Stelle reichen, um die Unwägbarkeiten der Selbständigkeit abzufedern?

Wenn ich andere Selbständige, vor allem solche aus der Kreativwirtschaft, frage, ob sie bereits ähnliche Gedanken hatten, wird dies fast immer bejaht. Die eigenen Kräfte sind nun einmal endlich, und manchmal ist der Frust so groß, dass einem eine halbe Stelle als Angestellter wie der lebensrettende Hafen erscheint. Manche, darunter besonders häufig Frauen, fangen es jedoch von vorneherein anders an: Sie wählen eine Gründung im Nebenerwerb als Einstieg in die Selbständigkeit. Der Frauenanteil unter den Vollerwerbsgründern ist deutlich kleiner, denn gerade die Gründerphase ist eine zeit- und ressourcenintensive Tätigkeit. Zu diesem Ergebnis kommt die Studie »Gründerinnen – Frauen als eigene Chefs« der KfW-Förderbank vom Juli 2011. Wo eine solche softe Gründung möglich ist, würde ich persönlich immer dazu raten. Für mich gab es diese Alternative jedoch leider nicht.

Hartz IV? Die wohlwollende Dame vom Wohngeldamt hatte das ernst gemeint. Pah, nur über meine Leiche!

Ich setzte mich an den Rechner und bastelte mir beeindruckende Bewerbungen zurecht. Am Mittwoch steckten sie bereits in der Post. Am nächsten Wochenende dieselbe Prozedur. Dann rief ich meine Steuerberaterin an.

»Frau Sander, wie ist das eigentlich? Wenn ich nebenbei fest angestellt bin, wie ist das dann mit der Selbständigkeit?«

»Sie wollen ein festes Arbeitsverhältnis eingehen?«

»Ja, nein, ich weiß nicht. Ich bewerbe mich gerade. Keine Ahnung, ob das was wird. Ich meine ja nur, so für alle Fälle.«

»…«

»Hallo, Frau Sander, sind Sie noch dran?«

»Ja, äh, das muss ich mir genauer anschauen, Frau van Laak, das könnte steuerlich ungünstig werden. Ich melde mich.«

Nach dreieinhalb Wochen trudelten die ersten Absagen ein. Seltsam, wie gut man im Verdrängen ist. Das kannte ich bereits alles. Ich wusste, dass es zwecklos war. Schon vor gut eineinhalb Jahren hatte ich begriffen, dass nur die Selbständigkeit für mich in Frage kam. Der Besuch bei der (mir durchaus wohlgesinnten) Frau auf dem Wohngeldamt hatte mich offenbar seelisch so weit zurückgeworfen, dass

ich jetzt wieder nach Lösungen suchte, die von vorneherein zum Scheitern verurteilt waren.

Aber so eine ganz kleine halbe Stelle, das musste doch
gehen, sagte meine Sicherheitsstimme in mir. Ich griff nach
einigen Tagen wieder zum Hörer und rief Frau Sander an,
schließlich schuldete sie mir noch eine Auskunft.

»Wie sieht das denn nun steuertechnisch aus, wenn ich
parallel eine halbe Stelle mache?«, wiederholte ich meine
Frage.

»Äh, Frau van Laak, sind Sie gerade in Ihrem Büro?«

»Ja ... wieso?«

»Ich muss hier kurz noch etwas klären. Ich melde mich.«

Ich wandte mich wieder dem komplizierten Text für einen Folder zu, machte mir Notizen, recherchierte, trank in
kleinen Schlucken meinen Tee – da klingelte es an der
Wohnungstür. Frau Sander.

Sie grüßte nur knapp, und – zack – schon stand sie in der
Wohnung.

»Wir müssen reden.«

Mir wurde etwas flau. Was kam denn jetzt noch? Stimmte etwas nicht mit der letzten BWA? Hatte ich Belege falsch
sortiert? Hatte ich meine Kontoauszüge nicht vollständig
abgegeben?

Ich bat sie in die Küche (ausnahmsweise aufgeräumt!)
und schenkte ihr eine Tasse Tee ein.

»Ich möchte Ihnen mal was sagen, Frau van Laak!«

Ich setzte mich und war auf alles gefasst, nur auf das
nicht, was kam.

»Sie sind im zweiten Jahr Ihrer Selbständigkeit. Von null
Kunden haben Sie es auf mittlerweile neun Auftraggeber
geschafft. Ihren Stundensatz haben Sie bereits einmal er-
höht. Sie haben sparsam gewirtschaftet, haben Überblick

über Ihre Finanzen und machen niemals unnötige Ausgaben. Sie haben Ihre Umsätze, und seien sie noch so klein, kontinuierlich um – Moment mal – durchschnittlich etwa 3,5 Prozent monatlich gesteigert. Sie stehen am Anfang Ihrer Unternehmung! Es dauert mindestens drei Jahre, bis man als Existenzgründer Licht am Ende des Tunnels sieht. Aufgeben gilt nicht! Ist das klar?«

Ihre Augen blitzten mich an.

»Aber wenn ich nebenbei –«

Sie schüttelte den Kopf, dass ihre glänzenden braunen Locken flogen.

»Nix da. Lohnt sich sowieso nicht. Sie konzentrieren sich auf Ihr Geschäft und damit basta. Ich habe damals den Fehler gemacht und bin nach zwei Jahren, in denen ich ein eigenes Steuerbüro aufgebaut habe, wieder zurück in das Angestelltendasein. Und dann wieder selbständig gemacht. Da konnte ich wieder ganz von vorn anfangen. Und den Fehler, den machen Sie nicht!«

Jetzt war sie richtig streng im Ton. Ich wusste nicht recht, was ich sagen sollte. Ob sie überhaupt realisierte, was außer meiner Selbständigkeit noch alles bei mir los war? Hatte sie selber Kinder? Einen Mann? Wohnte sie zur Miete, im Eigentum?

»Sie halten weiter durch! Ich habe nur ein Kind und einen gut verdienenden Mann dazu, wohne im eigenen Haus, wir fahren zwei Autos – aber trotzdem weiß ich, wie Ihnen zumute ist. Sie geben jetzt nicht auf, hören Sie? Ich weiß ganz genau, dass Sie Erfolg haben werden, so wie Sie das machen. Sie werden spätestens im fünften Jahr so weit sein, dass Sie sich Gedanken über Steuerersparnis machen müssen. Sie werden sich einen Namen gemacht haben. Man kann sich auf Ihre Arbeit verlassen. Sie werden es schaffen! Schluss mit den Bewerbungen. Außerdem nimmt Sie sowieso keiner.«

Na toll, dachte ich.

Es war zwar unhöflich, aber ich blieb wie ein begossener Pudel sitzen, als Frau Sander wieder ging. Einige Minuten später schlich ich etwas kleinlaut an meinen Schreibtisch zurück und begann mit den Headlines für den Folder. Am Nachmittag entnahm ich dem Briefkasten zwei weitere Absagen. Ich riss sie in kleine Stücke und stopfte sie gleich in den Papiermüll.

In den nächsten Monaten saß ich etwas aufrechter am Schreibtisch als sonst, zumindest kam es mir so vor. Ich fühlte vage eine Verpflichtung, der Meinung, die meine Steuerberaterin in ihrer flammenden Rede über mich geäußert hatte, zu entsprechen. Gleichzeitig fühlte ich eine Art Stolz. Da draußen, in einem ganz normalen Steuerbüro mit neutraler Möblierung und neutralem Nadelfilz, in diesem beruhigend gewöhnlichen Büro gab es eine Person, die fest an meinen Durchbruch glaubte. Morgens sagte ich mir nun vor dem Spiegel: Aufgeben? Wer kommt denn auf so was?!

Am Ende des zweiten Jahres bekam ich aus Frau Sanders Steuerbüro eine Weihnachtskarte, auf der statt der üblichen Wünsche nur die beiden Worte standen »Wird doch!«. Am Anfang des vierten Geschäftsjahres stattete Frau Sander mir wieder einen spontanen Besuch ab, in der linken Hand die Mappe mit dem Jahresabschluss, in der rechten eine Flasche Sekt.

»Herzlichen Glückwunsch, Frau van Laak, Sie müssen das erste Mal Steuern zahlen!«

Einfach nichts sagen?

Oder warum die schlichte Wahrheit
meist die beste Lösung ist.

W enn etwas im Unternehmensalltag schiefläuft, ist
oft der erste Impuls: versuchen, alles wieder hinzu-
kriegen, aber so, dass es keiner merkt. Bei Kleinigkeiten
mag das angehen.

Es war ein ungemütlicher Dezembertag, es nieselte, die
Temperaturen lagen um den Gefrierpunkt, und ich sorgte
mich, dass es Blitzeis geben könnte. Mit dem Rad schlinger-
te ich dick eingepackt zu einem meiner (nur langsam selte-
ner werdenden) Wochenendeinsätze Richtung Gründerzentrum. Seit zwei Monaten hatte ich dort einen kleinen
Raum gemietet, um mich endgültig von meinem Home-
Office zu emanzipieren. Richtig gemacht.

Gerade in der Anfangsphase eines Unternehmensauf-
baus sind Gründerzentren mit ihren preiswerten Mieten
und der vorgehaltenen Infrastruktur ein wahrer Segen. Sobald es die Einkünfte zulassen, sollte man das häusliche
Büro aufgeben oder aber von Anfang an in einem solchen
Zentrum Räume anmieten. Nicht zu unterschätzen ist der

Austausch mit anderen Unternehmern und Solo-Selbständigen, der durch die geballte Büropräsenz in solchen Ge-
bäuden von selbst entsteht. Noch heute arbeite ich mit Kreativen zusammen, die ich über das Gründerzentrum kennengelernt habe. Eine gute Alternative stellen auch die
sogenannten Co-Working-Spaces dar. Das sind große Büros, häufig in Fabriketagen angesiedelt, die mehrere tem-
poräre Arbeitsplätze anbieten. Man kann sich stunden-,
tage- oder monatsweise dort einmieten und profitiert von
niedrigen Kosten, einer hohen Flexibilität und zahlreichen
Kontakten mit anderen Selbständigen.

An diesem Sonntagnachmittag lag der große Baukörper
des Gründerzentrums wie ein dunkler Kasten auf der grau-
en Wiese. Ich schien die Einzige zu sein, die hier eine Ex-
traschicht einlegen wollte.

Erste Aufgabe: für gute Laune im Büro sorgen. Also einen Tee kochen. Die Flure lagen still da, die Neonröhren
flackerten ein wenig, die kleine Küche am Ende des Gangs
lag in einer dunklen Ecke, und ich hatte sogar ein kleines
bisschen Angst. Schnell wieder zurück in mein Zehn-Qua-
dratmeter-Büro und weitermachen. In acht Tagen war
Weihnachten, dazu passte doch prima der Sender Klara
Continuo, eine Internet-Radiostation aus Belgien, die ausschließlich klassische Musik spielte. So, es konnte losgehen.

Fünf Kunden, die in diesem Jahr besonders wichtig für
mein Agenturgeschehen gewesen waren, wollte ich mit einem kleinen, individuell zusammenkomponierten Päckchen zu Weihnachten erfreuen. Morgen wollte ich alles zur
Post bringen, damit die Sendungen just in time die Empfänger erreichten. Jetzt ging es ums Einpacken der Geschenke, Kartenschreiben und Verschnüren, alles so an-
sehnlich wie möglich.

Für ein Team aus einer Senatsverwaltung hatte ich feine Schokolade und eine Variation von drei verschiedenen Honigen zusammengestellt, alle von Berliner Stadtimkern, die ihre ungewöhnlichen Honigsorten mit von Künstlern gestalteten Etiketten vermarkteten.

Der Geschäftsführer einer Transportfirma bekam eine feine Robusto-Zigarre von Cohiba. Er wollte – wie er mir nach einem Meeting gestand – von Zigaretten auf harmlosere Rauchwaren umsteigen. Da wollte ich doch gerne behilflich sein. Ich legte noch ein Exemplar von *Ein Mann Ein Buch* dazu, das Lesebändchen legte ich zwischen die Seiten des Kapitels *Der Mann und die Kultur*, Rubrik: *Einen Rauchring blasen*.

Zwei Frauen aus der Modebranche, mit denen ich in kürzester Zeit die Konzeption ihres Modeblogs erarbeitet hatte, sollten die Reprint-Ausgabe eines alten Schnittmusterbuches erhalten, das ich nach langer Recherche in einem Online-Antiquariat aufgetrieben hatte. Auch für die anderen beiden Kunden hatte ich etwas Besonderes gefunden, und es machte immer mehr Spaß, die feinen Sachen hübsch zu verpacken, während geistliche Chormusik durch das Büro tönte und der feine Regen von außen die Scheiben benetzte.

Es war schon dunkel, als ich meine Absender-Etiketten auf das letzte Päckchen klebte. Jetzt musste ich mich beeilen, nach Hause zu kommen, denn heute war Millie mit Kochen dran und hatte mich streng ermahnt, pünktlich zu sein. Die fünf Päckchen schichtete ich in meine beiden Satteltaschen, Mütze, Schal, Handschuhe an und wieder zum Fahrrad hin.

Eine hauchdünne weiße Schicht bedeckte die ganze Welt. Ich stieg auf mein Rad und fuhr vorsichtig nach Hause, der

Schnee fiel in kleinen Flocken, im Licht der Straßenlaternen sah ich, dass das Schneetreiben immer dichter wurde. Mein Herz hüpfte in Vorfreude auf die Festtage – so wie früher, als meine Großmutter das Bescherungszimmer mit einem geheimnisvollen Lächeln vor uns Enkeln verschloss.

»Da arbeiten jetzt die Engelchen drin, damit alles schön hergerichtet ist, wenn das Christkind kommt«, belehrte sie meine Geschwister und mich – und wir freuten und sehnten uns so sehr, dass es fast ein wenig weh tat.

Die Kinder empfingen mich mit leuchtenden Gesichtern.

»Es schneit, es schneit!«

»Ja, Schatzis, das sehe ich, ich bin nämlich gerade mit dem Rad da durchgefahren.«

»Wo ist der Schlitten?«

»Können wir nach dem Essen noch mal raus?«

»Bleibt der bis Heiligabend liegen?«

»Haben wir morgen schulfrei wegen Schnee?«

Millie hatte Milchreis mit Apfelmus zubereitet – eine bessere Mahlzeit zum ersten Schneefall konnten wir uns nicht vorstellen.

Am nächsten Morgen lag der Schnee zehn Zentimeter hoch. Ein Geschrei und Gejubel, als die vier aus der Haustür hinausliefen, um rechtzeitig zur Schule zu kommen. Das Radfahren hatte ich den Kindern bei den Witterungsverhältnissen ausgeredet, aber erlaubt, den Schlitten mit zur Schule zu nehmen. Till zog Millie zur Grundschule; sie versprach ihrem großen Bruder in ihrer Euphorie, ihn auf jeden Fall auf dem Rückweg zu ziehen.

»Ja, ja«, meinte Till, der genau wusste, wer es sich nach Schulschluss wieder auf dem Schlitten bequem machen würde.

Ich trug meine fabelhaften Kunden-Päckchen zur Post.

»Kommen die noch pünktlich an?«

»Das können wir nicht garantieren. Es ist ein paar Tage zu spät dafür.«

»Aber es sind doch noch sieben Tage bis Heiligabend!«

»Ziehen Sie das Wochenende ab. Außerdem wird am 24. nur noch bedingt ausgeliefert.«

»Was würden Sie mir denn raten?«

»Nehmen Sie einen Botendienst. Dann sind Sie auf der sicheren Seite.«

Ich nahm die Sendungen wieder an mich und schleppte alles wieder ins Büro. Dort telefonierte ich verschiedene Kurierdienste ab. Die Auftragsannahmen waren überall gleich: Hektik in der Stimme, klingelnde Telefone im Hintergrund, leierndes Aufzählen der Preislisten. So kurz vor den Feiertagen standen alle unter einem enormen Druck, und hinzu kamen noch die Witterungsverhältnisse. Ich entschied mich für einen Kurierdienst, der seine Filialen in einem dichten Netz über ganz Deutschland verteilt hatte. Vier von fünf Päckchen gingen schließlich in andere Bundesländer. Die Abholung des Kurierguts wurde für den nächsten Tag vereinbart. Noch sechs Tage bis Weihnachten. Und es schneite immer heftiger.

Einen Tag später wurde es innerhalb von vier Stunden wärmer, es regnete plötzlich, die Kinder klebten wütend und enttäuscht mit ihren Nasen an den Fensterscheiben. Die Nacht brachte wieder Frost – und der Morgen ein Blitzeis, das sich sehen lassen konnte. Für die Kinder bedeutete dies schulfrei, für den Rest der Welt Chaos.

Einen Tag vor Heiligabend kam der Anruf vom Kurierdienst.

»Es tut uns sehr leid, aber wir können die Sendungen nicht rechtzeitig zustellen.«

»Was?! Warum nicht?«

»Wir haben überall chaotische Verkehrsverhältnisse. Unsere Fahrer kommen nicht durch. Wir haben schon andere Fahrzeuge beordert. Subunternehmer beauftragt. Keine Chance.«

Die Stimme klang brüchig und hatte einen frustrierten Unterton, ich war nicht der erste Kunde, den die Person hatte aufklären müssen.

»Wo sind die Päckchen denn jetzt? Ich meine, wo stecken die denn? Sind die wenigstens auf dem Weg?«

»Ja, also, leider müssen wir Ihnen sagen, wir wissen das nicht. Nicht auffindbar. Unser Dienst ist überlastet, wir haben Subs hinzugenommen, und die haben Ihre Pakete. Aber die sind verloren.«

Verloren. Die Stimme hatte verloren gesagt.

»Verzeihen Sie, hallo, ja, Sie sind noch dran. Wir bieten Ihnen eine Entschädigung an. Wir erstatten Ihnen den Wert der Sendungen. Moment, fünf waren das, ja? Sie können alle Quittungen einreichen, dann bekommen Sie alles wieder.«

»Verloren? Die Päckchen sind alle weg?«

»Moment, hier, Sie hatten Sendungsnummer 17 bis 21? Ja? Tut mir leid. Nicht auffindbar. Wir erstatten Ihnen Inhalt. Sie bekommen ein Formular zugesandt, das Sie bitte ausfüllen. Tut uns echt leid.«

Die Telefonstimme hatte ehrliches Mitleid mit mir. Aber dann fiel sie wieder in den müden Routineton der Auftragsannahme zurück.

»Kann ich sonst noch etwas für Sie tun?«

»Nein«, hauchte ich und legte auf.

Diese blöde Entschädigung half mir doch nicht weiter. Es war viel zu spät, um neue Geschenke zu kaufen, noch dazu solch individuelle. Es war viel zu spät, sie nochmals loszuschicken. Es war viel zu spät, um mir etwas anderes einfallen zu lassen. Ich war deprimiert. Mir tat es weniger um das Geld leid, das ich in die Sendungen investiert hatte (das würde ich ja zurückerhalten). Dass meinen Kunden jetzt die besondere Freude entgehen würde, wenn sie die schönen Dinge, die ich mit viel Bedacht gewählt hatte, ausgepackt hätten, das betrübte mich.

Was sollte ich machen? Nichts sagen? Und so tun, als hätte ich nie vorgehabt, diese Päckchen zu versenden? Niemand würde etwas merken, denn niemand hatte mit ihnen gerechnet. Sollte ich noch schnell eine Weihnachtskarte schreiben und abschicken? Wie einfallslos. Und die würde auch nicht mehr rechtzeitig ankommen. Eine elektronische Weihnachtskarte? O Graus. Womöglich noch mit winkendem Weihnachtsmann. Mir fiel nichts ein, also schloss ich das Büro hinter mir ab und stapfte durch den matschig gewordenen Schnee nach Hause.

Ich wärmte den Eintopf vom Vortag auf und verteilte die Suppe müde und niedergeschlagen auf fünf Teller.

»Gehst du morgen ins Büro, Mama?«

»Ja, noch mal kurz, Mails checken und so.«

»Was hast du denn? Bist du sauer?«

Ich erzählte von dem Telefongespräch mit dem Kurierdienst und dass nun alle meine Mühe umsonst gewesen sei.

»Du musst das den Leuten sagen, Mama«, meinte Frieda. »Die sollen wissen, was du dir für eine Mühe gegeben hast.«

»Genau, die denken sonst, du denkst nicht an sie, und du denkst dann, das hätten die sich doch denken können, dass

162

du an sie gedacht hast. Denke ich jedenfalls«, ergänzte Millie.

»Kannst du den Kurierdienst nicht verklagen?«, wollte Till wissen.

»Die haben doch schon Entschädigung angeboten«, mischte sich Jonas ein. »Ich finde, die Kunden sollen wissen, dass sie eigentlich ein Päckchen kriegen. Frieda hat recht.«

Heute weiß ich: Meine Kinder waren weiter als ich. Was die Kommunikationsabteilungen in Unternehmen seit Jahren als »Transparenz« und »Authentizität« verkaufen, hieß bei meinen Kids: die Wahrheit sagen. Und das ist eine Tugend. Im besten Fall auch eine Unternehmenstugend. Und zwar nicht aus Marketingkalkül, sondern weil es sich so gehört. Ich sage nicht, dass ich dem Kunden jeden kleinen Patzer unter die Nase reiben würde. Jedoch zahlt sich ein offener Umgang mit Problemen am Ende immer aus. Erwarten Sie keine Dankbarkeit, wenn Sie Schwierigkeiten direkt ansprechen, denn nicht jeder ist das im Geschäftsalltag gewohnt. Aber für Sie wird es besser, wenn Sie reinen Tisch machen. Es gehört Mut dazu, in einem Meeting zu sagen, dass man etwas nicht weiß oder dass sich einem der Hintergrund eines Projekts noch nicht erschlossen hat. Es kostet Überwindung, dem Kunden mitzuteilen, dass der zugesagte Termin nicht gehalten werden kann. Aber am Ende einer solchen Botschaft werden Sie sich besser fühlen – und wenn Sie ein echter Profi sind, sorgen Sie dafür, dass sich auch der Kunde besser fühlt.

Sehr geehrte Damen und Herren.
So kurz vor Büroschluss muss ich Ihnen erzählen, was Sie heute eigentlich persönlich hätten erhalten sollen.

Szenario 1
24. Dezember, 00.56 Uhr
Irgendwo in Süddeutschland
In einem matschigen Straßengraben liegen fünf zerknautschte Päckchen. Über ihnen dreht sich das Rad des zerbeulten Transporters, der auf der schneenassen Straße mit einem Lkw kollidierte. Gott sei Dank ist beiden Fahrern nichts passiert. Aber die Sendungen im zugeschneiten Graben beachten sie in ihrer Aufregung nicht mehr. Langsam weichen die Pakete durch, und das kleinste von ihnen fängt an zu wimmern.

Szenario 2
24. Dezember, 8.07 Uhr.
Irgendwo in Mitteldeutschland.
In einer kalten, zugigen Lagerhalle liegen dicht aneinandergedrängt fünf Päckchen. Sie sind ganz alleine, alle anderen Sendungen sind zugestellt, aber sie hat man hier vergessen. Sie erzählen sich, für wen sie bestimmt sind und was für Köstlichkeiten und schöne Dinge sie beinhalten. Das Päckchen mit der roten Kordel bietet als Erstes ein Tauschgeschäft an.

Szenario 3
24. Dezember, 19.23 Uhr
Irgendwo in Litauen.
Die Vorsteherin eines Kinderheims öffnet fünf Päckchen, die überraschend von einem nicht mehr zu entziffernden Absen-

der eingetroffen sind. Zwar wundert sie sich über den Inhalt,
aber vieles ist für ihre Schützlinge gut zu gebrauchen. Und
die gute Robusto-Zigarre wird sie sich selber anstecken, wenn
alle Kinder selig schlafen.

Ich schrieb an meine fünf Kunden, dass sie daher in diesem
Jahr nichts von mir bekommen würden. Wie leid es mir
tue, aber die Sendungen seien nun mal verschollen. Ich
wünschte allen ein frohes Fest und endete mit »Ihre zer-
knirschte Petra van Laak«.

Die fünf Mails waren abgeschickt, und ich suchte noch
ein paar Unterlagen zusammen, bevor ich mein Büro über
die Feiertage schließen wollte. Da klingelte das Telefon.

»Nein, Frau van Laak, was für eine schöne Geschichte!
Ach, das ist doch ganz egal, wo die Dinger jetzt sind. Machen Sie sich keinen Kopf! Alles Gute!«

Kaum aufgelegt, ging das Telefon wieder.

»Ich hätte ja gerne die Cohiba geraucht, aber mir gefällt
die Version mit der Waisenhaus-Vorsteherin auch gut.
Haha, wenn das so ausgehen würde, soll's mir recht sein.
Grämen Sie sich nicht, Frau van Laak, kann doch mal passieren.«

Das sollten nicht die beiden letzten Telefonate vor Büroschluss bleiben. Alle versicherten mir, wie wenig schlimm
sie das fänden, und wir wünschten einander ein frohes
Fest. Als ich nach Hause radelte, fühlte ich mich getröstet
und liebevoll umfangen von den nettesten Menschen, die
ich meine Kunden nennen durfte.

Das dritte Unternehmensjahr startete zunächst nicht besonders verheißungsvoll. Ich machte mir Sorgen der Auftragslage wegen. Es sollte noch weitere zwei Jahre dauern, bis ich

begriffen hatte, dass es typische Monate gibt, in denen in meiner Branche nicht so viel los ist. Die Kunst besteht darin, genau diese Wochen für Vorhaben zu nutzen, zu denen man sonst nicht kommt. Das kann die längst überfällige Recherche zu einem neuen Thema wie etwa Social Media sein. Oder Verwaltungsarbeit, etwa Adressen auf den neuesten Stand bringen, eine neue Agentursoftware testen, Versicherungen überprüfen. Oder in Muße ein Resümee des eigenen Business ziehen, über eine Neuausrichtung nachdenken, sich mit Experten treffen und das Geschäftsfeld überdenken. Drei Wochen ohne Auftragseingang lassen sich in sehr nützliche Zeit verwandeln. Aber diesen Bogen hatte ich am Anfang des dritten Jahres noch nicht raus.

Ende Januar kam jedoch ein Projekt rein, das mich mindestens fünf Wochen beschäftigen würde, also entspannte sich die Lage wieder etwas und damit auch mein Nervenzustand. Gerade sortierte ich alle Briefing-Unterlagen des neuen Kreativprojektes, da meldete sich der Kurierdienst vom Dezember wieder bei mir. In der Stimme des Anrufers lag ein verstecktes Jubeln.

»Vielen Dank für das Formular, das Sie uns vor zehn Tagen zugesandt haben. Wir haben aber eine gute Nachricht für Sie: Alle Päckchen haben sich wieder eingefunden!«

»Wie? Alle wieder da?«

»Ja, genau. Ist wie ein Wunder. Sie werden in diesem Moment zugestellt.«

An diesem Tag ging das Telefon mehrmals.

»Ist ja fantastisch, wir haben hier eine herrliche zweite Bescherung!«, lachten die beiden Modefrauen.

»Irgendwie spitze. Erst habe ich mich gefreut, als Sie das so schön erzählt haben am Heiligabend. Und jetzt freue ich mich schon wieder«, so ein weiterer Kunde.

Dann rief der sich auf dem Entwöhnungsweg befindliche Raucher an. »Herzlichen Dank«, raunte er ins Telefon, »Spitzen-Marketing-Gag, Frau van Laak!«

So konnte man das Ganze auch sehen.

Das nennen Sie Wachstum?

Oder warum es klüger ist, seinen ganz
eigenen Erfolgsbegriff zu finden.

Wo steht eigentlich, dass nur die großen Zahlen als
Erfolg zu werten sind? Sicher, ich habe nichts dagegen, wenn es in der Kasse klingelt, aber letztendlich setze
ich mir meine Ziele selbst.

Auf einer Tagung stand ich eingekeilt zwischen drei Unternehmerinnen, die alle zwischen 30 und 50 Mitarbeiter
beschäftigten und gerade laut darüber sinnierten, weitere
Standorte zu bespielen. Ich hörte genau zu, denn von erfolgreichen Geschäftsleuten kann man immer etwas lernen. Auch wenn man nicht in ihrer Liga spielt.

»Und Sie? Wie machen Sie das mit der Zertifizierung Ihres Betriebs? Haben Sie auch einen Qualitätsbeauftragten?«

»Nein, ich bin Solo-Selbständige. Ich führe ein bewegliches
Unternehmen. Ich arbeite ausschließlich mit Freelancern zusammen, die ich flexibel immer wieder zu neuen Teams grup-
pieren kann, je nachdem, wie es die Aufgabe erfordert.«

Diese Antwort hatte ich früher so nicht parat. Ich musste
erst lernen, es als Teil meiner Unternehmensstrategie zu

verkaufen, dass ich meine Kreativteams mindestens ebenso effizient führte, wie es die Manager um mich herum taten. Die Größe eines Unternehmens entscheidet nicht über seinen Erfolg. Und Erfolg definiert jeder anders. Es ist richtig, dass ich keine Angestellten hatte – deswegen entzog ich mich jedoch nicht der Führungsverantwortung. Auch Kooperationen mit anderen Solo-Selbständigen forderten konzertierte Managementleistungen. Verträge mit Freelancern mussten ausgehandelt werden, Projektstadien überprüft und ganze Gewerke zusammenkomponiert werden, ohne dass der Kunde Reibungsverluste spürte.

Für mich ist es ein persönlicher Erfolg, wenn mich die Vertriebsabteilung eines großen Bildungsunternehmens mit den Worten zum Meeting begrüßt: »Wir haben Ihre Texte vermisst!« Oder wenn zwei wilde Kreative ihre neue Website launchen und ich ihnen dazu superschräge Texte dichte und die beiden dann sagen: »Wir hätten nie gedacht, dass wir von einer Mutti im grauen Kostüm mit hässlichen Perlmuttknöpfen so geile Texte kriegen.« (Das mit den Perlmuttknöpfen verzeihe ich denen allerdings nicht.)

Meine Umsätze waren kontinuierlich gestiegen, wenngleich sie immer noch bescheiden waren. Aus dem Büro zu Hause war ich längst ausgezogen und hatte mein Büro im Gründerzentrum etabliert. Ich hatte mittlerweile gute Stammkunden und war nur noch bedingt auf Kaltakquise angewiesen. Ich hatte viele Kontakte durch Netzwerkarbeit geknüpft. Meine Texte gefielen den Kunden, ich bekam Lob für meine Arbeit. Das war doch schon eine ganze Menge.

Um mich selbst weiter zu motivieren, richtete ich auf meinem Rechner einen *Lob*-Ordner ein. Dort hinein packte ich

Kommentare, freundliche Mails, positive Feedbacks. Immer, wenn ich an mir zweifelte oder ich aus einem anderen Grund schlechte Laune hatte, schaute ich in diesen Ordner hinein – und wusste sofort, dass ich weitermachen wollte und dass es sich persönlich und finanziell irgendwann auszahlen würde. Das ist ja das Beruhigende: Der Erfolg meiner Agentur beruht weder auf irgendeinem Geheimnis, noch muss man eine Intelligenzbestie sein, um in der Kreativwirtschaft etwas zu erreichen. Nein, hinter der guten Geschäftsentwicklung stecken vor allem Fleiß, Zuversicht und das Vermögen, sich in den anderen hineinzuversetzen.

Ich befand mich am Anfang des dritten Jahres, und ich begann, mit den Füßen zu scharren. Ich wollte eine Stufe weiter kommen, es war an der Zeit, mein Business umzustrukturieren. Größere Aufträge mussten her. Dass ich das Ganze erst seit 24 Monaten machte, zählte für mich nicht. An mir nagte der Satz eines anderen Selbständigen: »Das nennen Sie Wachstum? Sie sind ja niedlich.« Ich hatte ihm erzählt, dass ich eine Umsatzsteigerung von 17 Prozent hatte erzielen können. Das schien offenbar wenig zu sein.

Dabei hätte ich auf diese ersten beiden Jahre durchaus ruhiger blicken können. Aber so war ich nicht gestrickt. Ohne eine neue Herausforderung machte mir die Sache nicht genügend Spaß. Ich blickte nach vorn und fragte mich: Wollte ich mit meinem Business ewig »gerade so hinkommen«? Nein, das wollte ich nicht. Aber noch wusste ich nicht, wie ich an größere Kunden kommen sollte. Das Thema Weiterbildung war mir zu dem Zeitpunkt noch nicht präsent. Ehrgeiz war genügend vorhanden, aber im Grunde war ich eher eine Kreative mit Geistesblitzen als eine kühl berechnende Betriebswirtschaftlerin. Ich war eine Frau mit einer sehr guten Intuition und mit erschreckend geringem

Zahlenverständnis. Aber für Letzteres war schließlich meine Steuerberaterin zuständig, und das war gut so.

»Kontinuierlich wachsen ist besser, als explosionsartig zu expandieren. Das bereitet viele Probleme. Bleiben Sie am Ball.« So lautete ihr Rat.

Und es ging erst einmal weiter mit dem »gerade so hinkommen«. Richtig gemacht. Im Rückblick war das gut, denn ich wurde immer routinierter, und jeder neue Auftrag brachte mir die willkommene intellektuelle Abwechslung. Ich schrieb über Hochschulbauten, über Baumaterial, über Entwicklungspolitik. Ich textete für Autoteilezulieferer, Gastronomie und Kulturinstitute. Ich entwarf eine kleine Mitgliedschafts-Kampagne für eine Nichtregierungsorganisation, schrieb ein Kommunikationskonzept für einen Trikot-Hersteller, machte Online-Werbung für einen Autohändler.

Im Hinterkopf nagte die Äußerung des Geschäftsmanns an mir weiter. Was war mit meinem Wachstum? Entwickelte ich Strategien dazu? Explorierte ich neue Märkte? Erarbeitete ich neue Leitbilder?

Meine Freunde Angelika und Richard hatten mich im Frühling an einem meiner kinderfreien Wochenenden zu einem Besuch aufs Land eingeladen. Die beiden wohnten in einem alten Gehöft, das sie für wenig Geld erstanden hatten und Stück für Stück sanierten. Später sollte daraus einmal ein Tagungszentrum werden. Wann dieses später sein sollte, war ihnen nicht so wichtig. Ihr Einkommen bestritten sie aus Lehrtätigkeiten im Gesundheitsbereich.

Je weiter mich die Regionalbahn ins Brandenburgische trug, desto mehr fielen die Gedanken an Projekte, Aufträge, Kunden, Kinder, Schule, Familie von mir ab. Die hellgrüne Landschaft breitete sich gefällig vor meinen müden

Augen aus, Bäume und Büsche waren auf die Wiesen ge-
tupft, überall helle, vorsichtige Farben, als ob die Natur das
frische Frühjahr nicht verjagen wolle.

Ich stieg an einem klitzekleinen, verlotterten Bahnhof
aus, dem ich nicht im Entferntesten einen Zughalt zuge-
traut hätte, allenfalls eine dieser Draisine-Fahrten, wie sie
die Tourismus-Büros auf dem Land für stillgelegte Strecken
anbieten. Ich war die einzige Person auf dem Bahnsteig.
Kaum war der Zug in der mintgrünen Landschaft verschwunden, setzte ein ohrenbetäubendes Vogelgezwitscher
ein. Ich wusste gar nicht mehr, dass ein paar balzende Sing-
vögel einen solchen Krach machen konnten. Aber ich war
ja jetzt auf dem Land, und hier war alles anders.

Aus der Richtung der mit hohen Bäumen gesäumten
Landstraße hörte ich ein Auto heranknattern. Als es in
Sichtweite war, hörten die Vögel wieder auf zu schreien.
Angelika brauste in einem staubigen Pick-up heran und
stieß die Beifahrertür auf.

»'tschuldigung«, rief sie atemlos, »komm rein, ich musste noch die Hühner versorgen, und Herr Reichelt ist ausge-
rissen, den musste ich erst wieder einfangen.«

Wir fuhren die Straße mit löchrigem Asphalt entlang,
durch die geöffneten Fenster nahm ich wahr, dass die Vögel
wieder mit ihrem Gezwitscher begonnen hatten, erst zaghaft, dann wilder und waghalsiger. Irgendwie rücksichts-
voll, dass die immer Pausen in ihrem Liebesgesang einlegen,
wenn was anderes los ist, dachte ich.

»Wer ist Herr Reichelt?«

»Unser Schaf. Seine Frau rennt nie weg. Die ist auch dicker.«

»Auf welche Tiere muss ich mich denn noch gefasst machen?«

»Zwei Hunde, eine Katze, ein paar Fledermäuse und natürlich die Bienen. Richard hat jetzt zwölf Völker. Du bekommst morgen ein Glas Honig mit.«

Auf dem alten Hof angekommen, führten mich die beiden durch die Latifundien. Alles war sorgfältig angelegt, vieles noch auf halbem Wege seiner Fertigstellung, aber man konnte erkennen, wohin die Reise gehen sollte.

»Das Gewächshaus machen wir nächstes Jahr. Jetzt kümmern wir uns erst einmal um den Gemüseanbau. Da hinten der alte Bienenwanderwagen muss noch instandgesetzt werden. Machen wir im Herbst. Zurzeit ist das Wetter zu schön, da arbeiten wir nur draußen.«

Seit zwei Jahren waren Angelika und Richard dabei, ihren Traum vom Leben auf dem Lande umzusetzen. Sie wirkten gelassen und fröhlich auf mich und besaßen jene innere Ruhe, die mir meistens abging. Nun, für 24 Stunden müsste ich es doch hinbekommen, yogisch entspannt das Leben auf dem Hof zu genießen. Ich lief über den gepflasterten Innenhof und schaute mich in Ruhe weiter um. Angelika und Richard kümmerten sich um das Abendessen. Ich sah durch das Küchenfenster, wie sie ihr biologisch angebautes Gemüse zubereiteten und sich dabei angeregt über dies und das unterhielten. Ich machte einen Schritt auf das Fenster zu und blieb mit dem Absatz meiner Sandale zwischen den kugeligen Pflastersteinen hängen. Von rechts kam ein Huhn auf mich zugestakst und betrachtete gebannt meine knallrot lackierten Zehen. Ich wiederum schaute interessiert auf die Füße des Huhns. Es war eine Rasse mit solchen Federpuscheln an den Beinen, dass es so aussah, als hätten die Tiere flauschige, knöchelhohe Pantoffeln an.

»Freundest du dich gerade mit unserem Cochin-Huhn an?«

Angelika lehnte sich aus dem Küchenfenster und winkte mir zu.

»Ich stecke fest und vertreibe mir die Zeit so lange mit euren Puschelhühnern.«

Ich schlüpfte aus meiner Sandale und zog sie vorsichtig aus dem buckligen Hofpflaster. Das Huhn ruckelte mit seinem schief gelegten Kopf hin und her.

»Ich bring das Vieh mit in die Küche«, rief ich Angelika zu. »Habt Ihr einen passenden Topf?«

Meine Freundin drohte mir lachend mit dem Kochlöffel.

Spätabends saßen wir um ein großes Lagerfeuer, ich war mittlerweile in Angelikas weite Wollsachen gewandet. Ich hatte die kühle Frühlingsluft unterschätzt und am späten Nachmittag mit den Zähnen geklappert. Meine Freundin befahl mir, sofort aus meinen Klamotten zu steigen und »was Ordentliches« anzuziehen. Ich war kaum wiederzuerkennen. Dicke Holzclogs an den Füßen, die in grauen Wollsocken steckten. Eine unförmige Jogginghose, darüber ein selbstgestrickter Pullover aus Familie Reichelts Wollvorräten, und um die Schultern eine warme Decke gelegt. Von einem Blick in den Spiegel hatte ich vorsichtshalber abgesehen.

Richard stocherte mit einem alten Schürhaken im Feuer herum.

»Macht dir dein Geschäft noch Spaß?«

»O ja, ich bin vor ein paar Monaten ins Gründerzentrum gezogen, habe ich das erzählt?«

Angelika nickte.

»Hast du es schön da? Gehst du jeden Morgen gerne hin?«

»Ich geh gerne hin, aber richtig schön ist was anderes. Der Raum ist klein und ich kann möbelmäßig nicht so viel machen. Aber die Nachbarn sind sehr nett.«

»Ich komme mal vorbei und helfe dir, das Zimmer schön zu gestalten.«

Wenn Angelika so etwas sagte, dann bedeutete dies in jedem Fall die Verwandlung eines Raumes von einer grauen Einzelzelle hin zu einem farbenfrohen Kreativbüro.

»Das ist so wichtig, eine gute Arbeitsumgebung zu haben. Was meinst du, warum wir hier draußen so glücklich sind. Egal, wo ich hingucke, es ist immer schön.«

Damit hatte Angelika recht. Auch das Unfertige auf dem Gehöft war schön. Die beiden hatten vorübergehend vor eine noch unverputzte Hauswand Kletterpflanzen gesetzt. Mitten im Hühnerhof standen alte Gartenstühle aus Eisen, die Angelika dunkelrot angestrichen hatte. Das Metalltor vor der Hofeinfahrt hing zwar etwas schief in den Angeln, trug aber ein Rautenmuster in Taubenblau und Sonnengelb und lenkte den Blick ab vom eingestürzten Dach des Gewächshauses. Am Rand der Wiese, die sich um eine Hausseite zog, standen Obstbäume in voller Blüte.

»Dabei ist noch nicht mal alles grün. Warte mal ab, in ein paar Monaten, wie herrlich es dann hier aussieht.«

»Seid ihr immer so entspannt, wenn ihr euch die ganze Arbeit anguckt, die hier auf euch wartet?«

Angelika und Richard wechselten kurz Blicke, dann grinsten sie beide.

»Klar. Wir sind doch unsere eigenen Chefs. Oder siehst du jemanden, der hinter uns die Peitsche schwingt?«

»Auf einem Unternehmertreff hat jemand meine Umsätze belächelt. *Das nennen Sie Wachstum?!* Ganz schön frustrierend.«

»Ach so, du *willst* also einen Peitschenschwinger«, stellte Richard fest.

»Hä?«

»Reicht dir das nicht, was du bisher geschafft hast?«

»Doch, schon, aber es muss schließlich weitergehen.«

»Und wer sagt das? Der Peitschenschwinger? Du bist ja niedlich.«

Angelika hatte gerade das Adjektiv *niedlich* verwendet.

»Muss sich denn alles am Umsatz messen lassen? Du warst vor ein paar Jahren noch in Hartz IV. Jetzt ernährst du fünf Personen mit deiner Arbeit. Noch Fragen?«

Keine weiteren Fragen mehr. Ich stierte ins Feuer, wo die Buchenscheite in lange Glutstreifen, dann in kleine Feuerflöckchen zerfielen.

Einer vom Bundeswirtschaftsministerium 2012 in Auftrag gegebenen Studie zufolge verfolgen Unternehmerinnen andere Ziele als Unternehmer. Es ist weniger das schnelle Geld, das sie reizt, als vielmehr neben der wirtschaftlichen Orientierung das Motiv der Selbstverwirklichung, die Unabhängigkeit und die Vereinbarkeit von Privat- und Berufsleben, das sie antreibt. Bei den Strategien spielen Mitarbeiterverantwortung, Stabilitätsbewusstsein und das Leisten eines sozialen Beitrags eine größere Rolle. Ihre Unternehmen wachsen tendenziell langsamer als männergeführte Unternehmen. Auch sind es vor allem ihre männlichen Kollegen, die zehn und mehr Mitarbeiter haben. Aber die frauengeführten Unternehmen haben eine geringere Insolvenzquote. Vielleicht war ich nur ein typisches frauengeführtes Unternehmen. Und das war und ist gut so.

Im Sommer fuhr ich nicht wieder zu Angelika und Richard hinaus, denn ich hatte ein ganz neues Projekt begonnen, und zwar in der Schweiz. Und es kam zu keinem Besuch von Angelika, die eigentlich mein Büro hatte stylen wollen.

Denn schon ein gutes Jahr später war ich aus dem Gründerzentrum ausgezogen und residierte in einem traumhaften Büro im Zentrum der Stadt. Angelika und ich telefonierten lange miteinander. Sie berichteten mir vom Ehepaar Reichelt, und ich erzählte ihr von den Auswirkungen, die meine neue, ästhetischere Büroumgebung auf meine Arbeit hatte.

»Und? Was macht der Peitschenschwinger?«, wollte Angelika wissen.

»Den gibt es nicht mehr.«

»Nein, Petra, den *brauchst* du nicht mehr.«

Was wollen Sie denn in Zürich?

Oder warum Sie immer
neugierig bleiben sollten.

M ein Lebenslauf war ganz schön durcheinander, irgendwie. Dabei ließ ich ja die verrückten Sachen immer weg. Meine Kunden mussten nicht unbedingt wissen, dass ich vier Kinder alleine großzog und Jahre zuvor den Zusammenbruch meiner finanziellen und familiären Existenz erlebt hatte. Aber die Daten, die nach strenger Zensur meines Lebenslaufes übrig blieben, waren immer noch alles andere als geradlinig.

»Sie haben sicher Germanistik studiert?«

Der Vertriebsleiter eines Unternehmens aus der Chemiebranche, Herr Bartscherer, wippte erwartungsfroh auf seinem Chefsessel und drehte einen Kugelschreiber in seinen Händen. Er war mir wohlgesinnt, keine Frage (ich wurde ihm durch einen früheren Kunden empfohlen), jedoch hatte ich genau vor dieser Frage immer ein wenig Angst.

»Ich habe Kunstgeschichte studiert.«

»Zu Ende gebracht?«

»Selbstverständlich, Magister Artium. Dann Arbeit im Kunsthandel, im Verlagswesen, Übersetzerin (jetzt umschiffte ich immer den Absturz der Jahre nach 2000), Dozentin in der Erwachsenenbildung –«

»Ja, ja, ist ja gut. Ich meine, was ist Ihre Ausbildung im Bereich Marketing und Kommunikation? Deswegen sind Sie doch hier.«

Herr Bartscherer tippte mit dem Ende seines Kulis rhythmisch gegen seine rechte Wange und formte seinen Mund zu einem O, dann öffnete er ihn weiter, so dass sich der Ton veränderte, der durch den Resonanzkörper seiner Mundhöhle erzeugt wurde.

»Seit drei Jahren bin ich im Bereich Unternehmenskomm–«.

»Kein Diplom in PR oder so, nein?«, unterbrach mich Herr Bartscherer, während er mit dem Kuli weiter heftig auf seine Wange klopfte, dieses audiophysikalische Experiment schien ihm richtig Spaß zu bereiten.

Jugend forscht, dachte ich, brachte stattdessen aber hervor: »Ich bin Quereinsteigerin.«

Jetzt war es also endlich gesagt. Ohne eine fundierte Ahnung von dem Business zu haben, hatte ich mich damals ins Geschehen gestürzt, vieles intuitiv richtig angefasst, mein Talent zum Schreiben genutzt, abends schlaue Bücher zu Unternehmenskommunikation, Vermarktungsstrategien usw. kreuz und quer gelesen – dass ich dieses Gebiet jedoch inzwischen ganz und gar beherrschte, bezweifelte Herr Bartscherer.

Der Kuli klopfte jetzt noch schneller und erzeugte einen tieferen Ton, denn Herr Bartscherer hielt seinen Mund geschlossen.

»Ja, können Sie das denn? Anhand der Leitlinien unserer Corporate Language die Texte für den Jahresbericht erstellen?«

»Sicher, so etwas habe ich schon häufig gemacht (erst ein einziges Mal), und schließlich hat mich ja auch Merlmedia empfohlen (stimmte), für die ich Ähnliches getextet habe (gelogen).«

Endlich hörte das Kuli-Geklopfe auf, Herr Bartscherer beugte sich nach vorne und sah mich starr an.

»Ich sag meiner Sekretärin, sie soll ein Paket für Sie zusammenstellen, letzter Jahresbericht, unser Marketingkonzept, unsere Leitlinien, die Bausteine der Corporate Language, vielleicht noch das PR-Konzept, das wir fürs Firmenjubiläum nochmals überarbeitet hatten. Sie schauen sich das an, dann Termin mit Marketing, Vertrieb und Kommunikation, danach entscheiden wir, ob wir die Sache mit Ihnen machen wollen. Ich muss jetzt los, Wiedersehen.«

Ich stand auf, er gab mir die Hand, wie sie Menschen geben, die ihr Gegenüber auf Abstand halten möchten. Wo man sich normalerweise leicht aufeinander zu bewegt, gab mir Herr Bartscherer seine Hand am ausgestreckten, steifen Arm, so dass meine weichere Bewegung des Händeschüttelns jäh unterbrochen wurde. Dann schob er fast unmerklich seinen starren Unterarm noch weiter in meine Richtung und stieß mich dadurch leicht von ihm weg. Eigentümliches Gefühl, dachte ich noch, bevor ich aus dem Raum ging.

Zunächst saß ich mit dem »Paket«, das mir Herr Bartscherers Sekretärin mitgegeben hatte, zu Hause am Schreibtisch. Da ging es um strategische Ausgangsbedingungen, um SGE (was war das?), um die CRM-Strategie (musste ich nachgucken), um die KDBR (heißt »Kundendeckungsbeitragsrechnung«, verriet mir das Internet) und noch viel mehr. Jede Menge theoretischer Überbau, dabei sollte ich doch ganz konkret texten, und diese ganzen Papiere erschienen mir dazu eher hinderlich zu sein. Was Herr Bartscherer wollte: mich auf Herz und Nieren prüfen, ob ich diesem konzeptionellen Denken gewachsen war und auf dieser Basis die Texte kreieren konnte. Ich fühlte mich leicht überfordert, genau so sehr, wie ich es immer brauche, um mein Bestes geben zu können.

Nach zwei Tagen Unterlagenstudium war ich dennoch mehr als verzagt. Ich wollte es denen immer noch zeigen, aber es war unmöglich, diesen geballten Strategie- und Theorie-Mix zu verinnerlichen, um mich dann ausgeruht und frisch den Leuten vom Marketing, Vertrieb und der Kommunikationsabteilung in einer munteren Diskussion unter Experten stellen zu können. Offensichtlich führte kein Weg an einem soliden theoretischen Fundament vorbei, wenn ich in höhere Sphären der Auftragsvergabe aufsteigen wollte. Immer wieder machte ich auch die Erfahrung, dass die Kunden zwar nur einen Text wollten, im Grunde jedoch eine strategische Beratung in Sachen Unternehmenskommunikation sie viel weiter gebracht hätte. Das war vielleicht mein Ansatz, um weiter wachsen zu können. Und es formte sich das erste Mal der Gedanke, mich gezielt aus- und weiterzubilden.

Genau hier, in der Weiterqualifizierung, liegt ein großes Potenzial der sogenannten »Quereinsteiger«. Brüche im Lebenslauf sind bei uns Selbständigen ja sehr häufig – und vielleicht sogar eher »erlaubt« als in straffen Konzernkarrieren. Mit diesen Biegungen und Wendungen in der Vita sollten wir offensiver umgehen, es als etwas Positives darstellen. Für die Generation unserer Kinder wird das Wechseln in andere Berufsfelder Normalität sein. Sie werden ihr Wissen mehrmals während ihres Arbeitslebens austauschen müssen, um mit neuen Situationen, Veränderungen, Entwicklungen Schritt halten zu können. Das BIBB (Bundesinstitut für Berufsbildung) spricht in seinem Report vom Mai 2012 von »beruflichen Wanderungsbewegungen«, die für Erwerbstätige ein Garant für eine nachhaltige Arbeitssituation sein können. In einer beruflichen Flexibilitätsmatrix wird für das Jahr 2008 aufgezeigt, dass etwa ein gutes Viertel der Erwerbstätigen aus rechts- und wirtschaftswissenschaftlichen Berufen mittlerweile in das Berufsfeld der kaufmännischen Dienstleistungsberufe gewandert ist.

An der Schule meiner Kinder findet einmal jährlich ein großer Beruf-Informationsabend statt: Dazu melden sich engagierte Eltern und erzählen über ihre Tätigkeiten und beraten die jungen Leute, was Studien- und Berufswahl angeht. Mit anderen Kollegen bin ich für den Bereich Medien/Journalismus zuständig. Wenn die 16- bis 18-Jährigen da so vor einem sitzen, beruhige ich sie immer, dass sie es noch gar nicht wissen müssen, was sie genau werden wollen. Dass sie eher auf ihr Inneres hören sollen und sich fragen sollen, was sie antreibt, was sie sich erträumen, wer sie eigentlich sind. Wenn die Heranwachsenden dann erfahren, dass von den vier Medienspezialisten, die vor ihnen sitzen, kein einziger Journalismus, Publizistik oder Medienwissenschaften studiert hat, sondern die eine Kunstgeschichte, der Nächste Sportwissenschaften, die Dritte BWL und der Vierte eine Ausbildung zum Einzelhandelskaufmann gemacht hat, dann kullern ihnen die Augen aus dem Kopf. Kurven und Abzweige gehören zum Lebenslauf dazu, mehr denn je. Das Wichtigste ist, sich die Neugier, den Wissensdurst zu erhalten. Dies ist die zuverlässigste Konstante auf dem wechselhaften Arbeitsmarkt.

Die Diskussion zwei Wochen später in Herrn Bartscherers Besprechungszimmer war lebhaft, ich dagegen saß die ganze Zeit stumm dabei, ich hätte nicht gewusst, was ich zur Erörterung der technisch-funktionalen Kundenbindung und zu einem neuen Ansatz des Corporate Publishing hätte beitragen können. Dabei passte ich auf wie ein Luchs, denn ich fand die Diskussion hochspannend und hätte mich nur zu gerne daran beteiligt. Am Ende bekam ich den Job, jedoch nur in einer extrem abgespeckten Version, und so richtig geheuer war ich meinem Auftraggeber auch mit dem verkleinerten Leistungsumfang, bei dem nicht so viel schiefgehen konnte, nicht. (Es ging schlussendlich um ein reines Lektorat, die Texte wurden von der Kommunikationsabteilung erstellt.) Und ich konnte es Herrn Bartscherer nicht so richtig verübeln. Auch ich hätte mich an seiner Stelle gefragt: Ja, *kann* die das überhaupt? Sicherlich, es gab mittlerweile Referenzen auf meiner Website, jedoch waren die meisten noch nicht sehr aussagekräftig, letztendlich musste ich meine Auftraggeber immer im Gespräch und dann natürlich durch meine Leistung überzeugen. Ich merkte es Herrn Bartscherer an, wie erleichtert er war, als das Projekt abgeschlossen und alles sehr gut gelaufen war. Bei der nächsten Beauftragung würde er ruhiger sein und wissen, dass diese Quereinsteigerin es draufhatte.

Der Gedanke, mir ein gutes theoretisches Fundament für meine Arbeit anzueignen, ließ mich nicht mehr los. Ich hatte mich durch meinen mutigen Sturz in die Praxis quasi selbst überholt. Ich brachte wirksame Texte und schlüssige Konzepte zustande, ohne genau zu wissen, *warum* die so gut funktionierten. Hätte ich das eine oder andere, was ich fabriziert hatte, gezielt analysieren sollen, hätte ich nicht gewusst, wie. Ich ließ mich eher von Gedankenblitzen, Sprachgefühl und einem guten Gespür für Struktur leiten als von Systematik und Erkenntnissen der Marktforschung. Das war nicht verkehrt, keineswegs, ich erzielte ja sehr gute Arbeitsergebnisse. Auf Dauer würde ich damit jedoch keine größeren Projektvolumen stemmen können und auch nicht ohne weiteres in die Kommunikationsberatung wechseln können. Das war es ja, was mich antrieb: mich weiterzuentwickeln, neue Arbeitsgebiete zu erobern, das Portfolio der Agentur zu erweitern.

Nachdem Herr Bartscherer sich persönlich für das gelungene Lektorat bei mir bedankte hatte, gönnte ich mir abends das Vergnügen, bei einem Glas Wein nach Fortbildungsmöglichkeiten zu recherchieren. Schließlich heißt es ja nicht umsonst »lebenslanges Lernen«. Schnell machte ich die Leipzig School of Media ausfindig, die einen Studiengang zur Unternehmenspublizistik anbot. Mein Herz hüpfte, aber nur kurz: 16.000 Euro sollte diese Ausbildung kosten. Vergiss es, Petra.

Über mehrere Umwege stieß ich auf das Forum Corporate Publishing, ein Zusammenschluss der größeren Akteure aus dem Bereich der Unternehmenspublizistik, also Agenturen und/oder Unternehmen, die zum Beispiel Kundenmagazine oder Imagefilme oder Mitarbeiterzeitschriften produzieren. Solche Publikationen stellen den Knotenpunkt der Kommunikationsströme zwischen Unternehmen, Mitarbeitern, Kunden und Stakeholdern dar. *Das* interessierte mich brennend, denn damit wurde auf Anhieb das Feld abgedeckt, das ich beackerte, wenn bisher auch nur in bescheidenen, verkrauteten Furchen am Ackerrand.

Das zweite Glas Wein war schon getrunken, und ich las vom Schweizerischen PR-Institut, das gemeinsam mit der

TextAkademie und der Hochschule für Wirtschaft in Zürich den CAS (Certificate of Advanced Studies) CAS-(Certificate-Studies-)Studiengang »Corporate Publisher« anbot. Das war es! Aber Zürich? Ich suchte weiter, fand heraus, dass dieser Studiengang neuerdings auch in München startete, berufsbegleitend, mit Präsenzzeiten am Wochenende, ansonsten aber im virtuellen Raum über sogenannte E-Classrooms stattfinden sollte.

Das müsste doch zu machen sein, dachte ich mir. Entweder lagen die Wochenenden so, dass die Kinder bei ihrem Vater waren, oder ich konnte meine beiden jüngeren Kinder auf Freunde verteilen, die beiden Großen würden sich gerne der Herausforderung stellen, den Haushalt drei Tage lang alleine zu schmeißen. Die abendlichen E-Classrooms sollten alle paar Wochen von 19 bis 22 Uhr stattfinden, das wäre kein Problem.

Am nächsten Morgen fühlte ich vorsichtig bei meinen Kindern vor.

»Ich werde vielleicht auch noch mal zur Schule gehen, Kinder.«

»Hä, freiwillig? Spinnst du, Mama?«

»Warum das denn, du weißt doch alles.«

»Aber nicht zu mir in die Klasse!«

»Können wir nicht tauschen, Mama? Du kannst gerne für mich zur Schule gehen.«

Es folgte eine etwas längere Erklärung. Ich sparte auch nicht die Sache mit den erforderlichen Präsenzseminaren in München aus.

»Au ja, wir machen dann Party hier!«

»Musst du dann auch in den Ferien lernen?«

»Kann ich mit nach München kommen?«

»Kriegst du Schulspeisung? Ist die Schule umsonst?«

Millies Frage hatte ich in den Hintergrund gedrängt – was kostete das überhaupt? Ich recherchierte im Büro dort weiter, wo ich zu Hause aufgehört hatte.

Laufzeit des Studiengangs: 16 Monate, Kosten: 9000 Schweizer Franken (etwa 7500 Euro). Plus Fahrtkosten und Unterbringung in München, das bekanntermaßen zu den teuren Städten zählt. Das war's dann also. Ich klappte den Laptop zu und ging eine Runde um den Block. Ich war richtig enttäuscht, obwohl doch bisher alles ohnehin noch ein reines Hirngespinst gewesen war. Das Gebäude des Gründerzentrums ließ ich links hinter mir liegen und bog in einen Spazierweg ein, der an einem trostlosen, viel zu groß geplanten Parkplatz eines Supermarktes endete. Ich lief über die asphaltierte Fläche, die Krümel des Streuguts vom Winter knirschten unter meinen Sohlen, durch das Geräusch der großen Straße hinter dem Einkaufsmarkt stach ab und an das schrille Gezirpe irgendeines kecken Frühlingsvogels.

Wieder zurück im Büro, besänftigte ich mich mit dunkler Schokolade (Frauen brauchen Schokolade!) und vertiefte mich in mein aktuelles Projekt, Teasertexte für eine Pharma-Website, wobei ich den richtigen Ton zwischen sachlich-nüchtern und erzählend treffen musste. Was mir sonst selten passiert: Mir fiel nichts ein. Lustlos probierte ich Formulierungen aus und hatte eine undefinierbare, kindische Wut auf sämtliche PR- und Marketingfuzzis, die diese Fächer zwar alle mal studiert hatten, aber deswegen ihre Meetings nicht strukturierter abhielten als ich, ihre Texte nicht besser schreiben konnten als ich, ihre Konzepte nicht stringenter – na gut, die Konzepte … Und ich wurde noch ärgerlicher.

Meine rechte Hand führte die Maus – obwohl ich doch über Pillen hatte texten wollen – wieder auf den zuletzt geöffneten Tab im Browser, nämlich den vom Schweizerischen PR-Institut. Und ich ertappte mich selbst beim intensiven Surfen auf den Subseiten, bis mir ein viersilbiges Wort ins Auge stach: Sti-pen-di-um. Ich hatte mich auf irgendeine Unterseite verirrt, und dort stand tatsächlich etwas zur Vergabe von Stipendien an Leute, die sich den Studiengang nicht leisten können. Die Bedingungen für den Erhalt eines Stipendiums waren zwar nicht deutlich formuliert, aber immerhin so gefasst, dass ich mich angesprochen fühlte. Ich schob das Pharma-Projekt beiseite und schrieb aus dem Stegreif ein Plädoyer für Petra van Laak, die als vierfache, alleinerziehende Mutter aus einer völlig verfahrenen Lage heraus ohne Geld den Sprung in die Selbständigkeit gewagt hatte und sich nun nichts sehnlicher wünschte, als ihr Praxiswissen auf das sichere Fundament dieses Corporate-Publisher-Studiengangs zu stellen. Das Ganze formulierte ich in der dritten Person und im Telegrammstil, denn ich wollte unter einer DIN-A4-Seite bleiben, um die Entscheider in der Schweiz nicht unnötig zu langweilen.

Die Schweizer machten nicht viel Aufhebens und verkündeten mir drei Wochen später in einer kurzen E-Mail, dass ich das Stipendium erhalten würde. Ich freute mich unbändig, wenngleich ich auch etwas Angst hatte. Würde ich die Erwartungen, die womöglich an mich als Stipendiatin geknüpft wurden, erfüllen können? Egal, erst einmal wurde gefeiert, und die Kinder beteuerten mir, wie stolz sie auf mich seien. Ich kaufte mir einen Münchner Stadtplan und malte mir Spaziergänge durch den Hofgarten in den Mittagspausen aus.

Einen Monat vor Beginn des Corporate-Publishing-Studiengangs rief mich die Sekretärin des Instituts an und erklärte mir mit den freundlichen Tonbögen des Schweizerdeutsch in der Stimme: »Wir haben nicht genügend

Teilnehmer für München zusammenbekommen. Der Studiengang findet daher in Zürich statt. Ich hoffe, dass Sie dennoch daran teilnehmen werden.«

»Zürich? München ist ja schon weit, aber Zürich?«

»Ja, gewiss, aber Sie können doch fliegen. Besprechen Sie das zu Hause, und rufen Sie mich in ein paar Tagen an.«

Womit ich nicht gerechnet hatte: Lange im Voraus gebuchte Flüge von Berlin nach Zürich sind preiswerter als Zugfahrten von Berlin nach München.

»Aber was das für deinen ökologischen Footprint bedeutet, Mama!«, warf mein Ältester ein, stets im Auftrag des Grünen Friedens unterwegs.

»Und wo willst du schlafen, Mama?«

»Hotels sind bestimmt teuer da.«

»Seid doch mal still! Wenn Mama in die Schweiz fliegt, kriegen wir immer Toblerone mitgebracht.«

Danach fiel keinem Kind mehr ein Argument *gegen* Zürich ein.

Ich sagte Zürich zu. Die Auftaktveranstaltung sollte nur einen Tag dauern, so dass ich früh hin- und spät zurückfliegen konnte, ohne eine Unterkunft zu benötigen. Bei den mehrtägigen Präsenzblöcken, die bald folgen sollten, würde sich schon irgendeine preiswerte Unterkunft finden lassen. (Es kam dann aber anders, und zwar besser.)

Am Tag der Auftaktveranstaltung stand ich morgens um 4.30 Uhr an der S-Bahn-Haltestelle, um mich Richtung Flughafen aufzumachen. Ich war stolz und genoss das Privileg, zum Studieren in die Schweiz reisen zu dürfen. So richtig fassen konnte ich das alles noch nicht. Die Kinder würden einander selbst wecken, der Frühstückstisch war schon gedeckt, und heute Abend würde ich ihnen bei vier Toblerone alles bis in die kleinste Einzelheit erzählen.

Auf dem Flughafen traf ich kurz vor dem Check-in durch Zufall eine Kundin.

»Was wollen Sie denn in Zürich?«

»Ich mache dort ein Postgraduate-Studium in Unternehmenspublizistik.«

»In Zürich? Warum gerade da?«

»Ein ganz besonderer Studiengang. Hochschule für Wirtschaft zusammen mit dem Schweizerischen PR-Institut und der TextAkademie.«

Das klang jetzt aber beeindruckend, sagte ich mir selbst. Die Kundin zog die Augenbrauen anerkennend nach oben und nickte.

»Toll. Wie Sie das machen. Und das noch nebenbei. Alles Gute!«

»Härzläch willkommä zum drittä Studiägang hie im Technopark Zürich. Üsä zwöitä Standort isch Davos. Dört hei mir de im Summer äs mehrtätigs Seminar.«

Ich hatte genau zwei Worte verstanden: Zürich und Seminar. Mir saß der Schreck noch in allen Gliedern. Du liebe Zeit, die sprachen hier natürlich Schweizerdeutsch, wie sollte ich da auch nur einen Satz mithalten können?

Zaghaft hob ich meine Hand, stellte mich kurz vor und fragte vorsichtig, ob es vielleicht möglich sei, Hochdeutsch zu reden. Die beiden Professoren, die den Studiengang im Wesentlichen betreuten, lachten.

»Ah, du bist d Petra van Laak vo ganz weit her. Hört emal, mir hei sogar jemand hier, wo vo Berlin zu üs kommt.«

Alle applaudierten spontan, und als sich 30 Leute freundlich und friedlich darauf verständigten, meinetwillen Hochdeutsch zu sprechen, war es an mir, ihnen zu applaudieren.

Die beiden Dozenten prägten mit ihrer lässig-entspannten Haltung sogleich die angenehme Arbeitsatmosphäre, die sich durch alle drei Semester des CAS-Studiengangs zog. Sie erzählten, wie der Kurs aufgebaut sei, welche Module uns erwarteten, und sie verteilten vier dicke Aktenordner an jeden Teilnehmer, vom detaillierten Studienplan über einen Reader mit relevanten Artikeln bis hin zum sorgfältig zusammengestellten Content der Module.

Ich linste in den erstbesten Ordner hinein. Konzeption, Mediendesign, Storytelling, Customer Relationship – da waren sie, die Inhalte, die ich mir endlich systematisch aneignen würde. Ich jubelte innerlich. Wie schön, lernen zu dürfen, wie schön, den Wissensdurst zu stillen!

Sich diese Neugier, diese Lernbereitschaft immer zu bewahren ist aus meiner Sicht eine der wichtigsten Eigenschaften eines erfolgreichen Unternehmertums. Das kann zum Beispiel für die 60-jährige Wäschereibesitzerin bedeuten, sich mit Social Media auseinanderzusetzen, obwohl sie der Generation der Briefeschreiber angehört. Womöglich geben ihre Kunden die Abholung ihrer Wäschekörbe gerne online in einen Kalender ein, und schon hat diese Unternehmerin einen Mehrwert für ihre Kunden kreiert. Sich weiterzubilden kann auch heißen, dass der Besitzer einer kleinen Schokoladenmanufaktur sich mit komplizierten Warenwirtschaftssystemen befasst, um einen besseren Überblick über das Saisongeschäft zu Weihnachten zu bekommen. Oder wie in meinem Fall: das Erfahrungswissen mit Grundlagenwissen zu ergänzen, um auch größere Projekte systematisch angehen zu können und auf lange Sicht mehr Umsatz zu generieren.

In der Kaffeepause bildeten sich kleine Grüppchen, deren Mitglieder sich angeregt miteinander unterhielten. Ich steuerte die beiden Professoren an, um mich noch einmal persönlich bei ihnen für das Stipendium zu bedanken.

»Ich bin sehr froh, dass ich hier sein kann. Vielen Dank, dass Sie mir das mit dem Stipendium ermöglicht haben.«

»Ah, das isch scho guet. Bi üs brauchst di nid z'bedanke«, erwiderte der eine lächelnd.

»Ja, aber bei wem dann?«

«Du musst di bi niemerem bedanke. S'isch guet, dass du da bisch.«

Ich hätte die beiden am liebsten umarmt.

Meine Kommilitonen waren wie ich alle berufstätig und standen mit beiden Beinen in ihrem jeweiligen Arbeitsalltag. Diese Gemeinsamkeit sorgte dafür, dass jeder die Zeit des Lernens als sehr hochwertig zu schätzen wusste. Da wir alle aus der Praxis kamen, konnten wir aus unseren jeweiligen Branchen interessante Informationen und Aspekte einbringen.

Da war die Frau aus der Marketingabteilung einer großen Bank, die uns von der Social-Media-Strategie des Konzerns erzählte. Da gab es den Drucker, der uns vom unternehmerischen Risiko bei der Druckkostenkalkulation berichten konnte. Da war die dreifache Mutter, die für das Wissensmanagement mehrerer Universitäten verantwortlich war und uns einen Einblick in die Schweizer Innovationslandschaft gab. Bei jedem Präsenzseminar in der Schweiz waren allein die Gespräche mit den anderen für mich eine Bereicherung, und ich flog euphorisch nach Berlin zurück, den Kopf voller neuer Inspirationen, den Koffer voll mit Schokolade.

Das Problem, eine preiswerte Unterkunft in Zürich zu finden, hatte sich schon vor meinem ersten mehrtägigen Präsenzseminar von alleine gelöst. Mein Bruder Daniel hatte sich auf eine Stelle in der Zürcher Innenstadt beworben und bezog mit Frau und Kind eine herrliche Wohnung im nördlichen Teil der Stadt. Von der Terrasse aus hatte man einen Blick auf die schneebedeckten Gipfel – am ersten Abend standen Daniel und ich am Geländer mit einem gut gekühlten Glas Weißwein und glotzen ungläubig auf das Panorama.

»Meine Güte, was haben wir es gut!«

»Kannste wohl sagen. Wahnsinn.«

»Wahnsinn. Meine Güte.«

»Jau.«

Das war keine besonders intelligente Unterhaltung, aber wir waren duselig vor Glücksgefühlen. Beide waren wir auch darüber froh, dass wir einander als Geschwister plötzlich wiederhatten, wo wir viele Jahre – jeder in seinem Teil Deutschlands – vor uns hingewurschtelt und wenig voneinander gewusst hatten.

»Wie, Sie studieren noch nebenbei?«

»Ja, Unternehmenspublizistik in Zürich.«

»Wie bitte, in Zürich? Ja, wie machen Sie das denn mit der Agentur und den Kindern?«

»Ach, das ist ein berufsbegleitendes Studium mit planbaren Präsenzzeiten und vielen E-Classrooms.«

»Pfft. Klar. Das kann man ja auch so nebenbei machen.«

Meine Sitznachbarin beim Elternabend schüttelte den Kopf und zuckte mit den Achseln.

»Ich fass es nicht. Wie machen Sie das bloß?«

Auf solche sehr nett gemeinten Fragen, in denen sich Bewunderung und Verständnislosigkeit paarten, hatte ich nie eine schnelle Antwort parat. Um den Familienkosmos zu erklären, den wir fünf uns aufgebaut hatten, waren mehr als zwei Sätze nötig. Dass alles zu schaffen war, lag an verschiedenen Faktoren. Die Kinder waren zur Selbständigkeit erzogen worden, sie bewältigten Haushaltsaufgaben, sie achteten aufeinander. Unsere Grundstimmung war immer positiv, wir waren alle gesund. In mir steckte ein Haufen Energie, die mich nährte und meine Unternehmungen antrieb. Meine Mutter, meine Geschwister, alle standen hinter meinen Aktivitäten. Auf ein kleines Netzwerk aus guten Freunden war absolut Verlass. Der Rest war gute Organisation.

Standen mehrtägige Veranstaltungen in der Schweiz an, so konnte ich diese entweder mit den Papa-Wochenenden kombinieren, oder ich stellte gemeinsam mit Jonas und Frieda einen genauen Ablaufplan auf, kochte vor, sorgte dafür, dass Till und Millie zu Freunden gingen – es gelang vorzüglich. Dass ich in eine perfekt aufgeräumte Wohnung zurückkommen würde, durfte ich dabei nicht erwarten. Aber ich hatte gelernt, fünfe gerade sein zu lassen. Das Loben stand immer im Vordergrund, schließlich meisterten die Kinder ungewöhnliche Situationen, und das war, was zählte.

Die sogenannten E-Classrooms waren eine große Erleichterung für mich. Alle Teilnehmer des Studiengangs loggten sich zur selben Zeit in den virtuellen Klassenraum des Instituts ein. Eine parallel geschaltete Chat-Funktion erlaubte Rückfragen und Austausch. Wir bekamen eine Aufgabe gestellt, die wir in einer vorgegebenen Zeit bearbeiten mussten. Ich fand die Vorstellung anheimelnd, dass in Zürich, in Bern, in kleineren Städten, sogar in Innsbruck und Berlin lauter fleißige angehende Corporate Publisher an ein und derselben Aufgabe tüftelten, sei es die Analyse eines Mitarbeitermagazins oder die Bildsprache einer Unternehmenswebsite. Gegen 22 Uhr schloss das digitale Klassenzimmer seine Türen, und die Arbeiten wurden unseren Professoren zur Benotung zur Verfügung gestellt. Ich streckte mich ausgiebig, schloss das Büro ab und radelte im Dunkeln nach Hause, wo die Kinder schon schliefen. Die E-Classrooms wurden bald zur Gewohnheit, und ich war zufrieden, dass die Internet-Technologie Menschen wie mir die Teilhabe an der Wissensvermittlung auf diese Weise ermöglichte.

Nun sollte das mehrtägige Seminar in Davos stattfinden, wo die Schweizerische TextAkademie ihren Stammsitz hat. Das passte zeitlich gut, es waren Schulferien bei uns in Brandenburg, und die Kinder waren mit ihrem Vater verreist.

Eine Schmalspurbahn kroch in der Dämmerung durch den lichten Wald mitten in die Berge hinein. Der Ort lag auf einem Hochplateau, umgeben von Wiesen, Wald und Gipfeln, aber es war schon dunkel, als ich im Hotel ankam. Am nächsten Morgen saßen wir alle in einem Konferenzraum mit Panoramafenstern. Vom Lernstoff an diesem Tag habe ich so gut wie nichts mitbekommen, denn ich musste immerzu auf die riesigen Berggipfel starren. Ich war noch nie in meinem Leben Dreitausendern so nahe gewesen. Meine Kommilitonen dagegen arbeiteten geschäftig und blätterten in ihren Unterlagen – sie kannten das alles, und die Landschaft war für sie weniger faszinierend als für mich vom »Unterland«, wie die Schweizer zu sagen pflegen. Meine Nachbarin Maria berührte verständnisvoll meinen Arm, um mich darauf aufmerksam zu machen, dass wir zu zweit eine Aufgabe bearbeiten sollten.

»So schön, odrr? Die Berge muss man einfach gernhaben.«

Nachts träumte ich von Gletschern und tiefgrünen Wiesen, aus denen bunte Blumen wuchsen, die sich immer

194

höher in den Himmel schraubten. Der Zweig einer großen Tanne wurde vom Wind geschüttelt und klopfte gegen die schiefe Holzwand einer Berghütte. Und schlug immer wieder dagegen und dagegen und dagegen und ... Es war fünf Uhr morgens, draußen war es schon fast hell, und es pochte immer wieder an die Tür meines Hotelzimmers.

Vorsichtig öffnete ich. Dort stand Maria im Nachthemd, ihr Gesicht leuchtete.

»Der Berg ruft.«

Wir trafen uns zehn Minuten später in der Hotellobby, wo ein verschlafener Portier sich entschuldigend von seinem Sitz hinter dem Tresen quälte. Wir waren aber schon zur Tür hinaus, bevor er sein kompliziertes Aufstehmanöver beenden konnte.

Maria trug zünftiges Bergsteiger-Schuhwerk, eine praktischen Fleecejacke und schmale Hosen. Ich kam mir vor wie ein Außerirdischer mit meiner Jeans mit großem Schlag, den Turnschuhen ohne nennenswertes Profil, den zwei Pullovern, die ich übereinandergezogen hatte.

Die Seilbahn, die tagsüber hoch auf den Zauberberg führte, war um diese Uhrzeit natürlich nicht in Betrieb, also machten wir uns an den langsamen Aufstieg.

Das Licht war noch gräulich, die Farben waren alle gedämpft, um uns herum Wald, so dass wir keine Gipfel sehen konnten. Maria schlug einen Hohlweg ein (»Durch diese Gasse wird er kommen«, fiel mir die mit Mühe zu Schulzeiten auswendig gelernte Passage aus Wilhelm Tell wieder ein). Maria schritt zügig voran und machte mich dabei auf die vielen Schlüsselblumen und die Dotterblumen am Rand eines kleinen Baches aufmerksam. Ich steckte den Schlag der Hosenbeine in meine Socken. Besser.

Wir waren schon fast auf 1900 Meter. Ich keuchte, Maria atmete jedoch nur durch die Nase ein und aus, bei ihr war es ein regelmäßiges Schnaufen. Ich tat es ihr nach, und der Effekt war verblüffend: Meine Atmung wurde wesentlich ruhiger und effizienter.

Noch höher ging es hinauf, wir sahen, wie sich die Bäume oben lichteten. Ich blieb stehen, um einen der beiden Pullover auszuziehen und ihn mir umzubinden. Maria ging weiter.

»Beim Aufstieg hat jeder sein Tempo, Hauptsache, man bleibt im Rhythmus«, rief sie mir über die Schulter zu und ging stetig weiter. »Beim Abstieg kann man sich aneinander anpassen.«

Jetzt war es 6.30 Uhr, um 9 Uhr sollten wir gefrühstückt im Seminarraum sitzen. Das war doch gar nicht zu schaffen. Die anderen schliefen noch, und ich verausgabte mich hier auf dem Berg zwischen all den Bäumen. Maria war nicht mehr zu sehen, zu meinen Füßen Schlüssel-, Witwen- oder Dingsda-Blumen, das war mir jetzt auch egal. Schließlich raffte ich mich auf und ging weiter. Ich kam erstaunlich gut voran und bekam bessere Laune. Weiter oben am Weg wurde es heller, und da konnte ich auch Maria wieder als roten Punkt ausmachen.

Die letzten Meter aus dem Wald heraus lief ich schneller, plötzlich war da eine Wiese, so dicht bewachsen mit grün grün grünem Gras, von zarten weißen Spinnweben durchzogen, dazwischen blaue Tupfer von Vergissmeinnicht, die Wiese wölbte sich in einem großen Bogen Richtung Himmel – und dann sah ich, geblendet von dem hellen Weißgelb der Sonne auf der anderen Seite des Tals, eine riesige Bergkette vor mir, ein Anblick wie aus einem fernen Kinderland, an das jeder Erinnerungen hat und das unerreichbar verklungen, aber manchmal noch gegenwärtig ist.

»Schiahorn und Weissfluhjoch«, flüsterte mir Maria zu, dann schwiegen wir.

Warum nur ist das Berge-Angucken so beruhigend? Ich wurde mir meiner Winzigkeit gewahr, schaute als kleines irdisches Wesen auf diese Respekt einflößenden Gipfel, und im selben Moment lösten sich der kleinliche Ärger, die vielen großen Gedanken, die ich mir machte, um die Kinder, um die Zukunft, um die Finanzen, aus meinem Kopf heraus und schwebten davon in diese klare kühle Bergluft hinein. Es kommt bestimmt nicht von ungefähr, dass die Tibeter, die in der höchstgelegenen Region der Welt auf durchschnittlich 4500 Meter leben, ein besonderes Verhältnis zur Transzendenz besitzen.

Maria mahnte zum Aufbruch. Beim Abstieg nahm ich das Gesehene wie eine scharf gestochene Fotografie mit mir, die absolut klare Luft behielt ich als eine Erinnerung, die ich jederzeit abrufen konnte – und mit im Gepäck hatte ich die Sehnsucht nach diesem Ort, nach den Bergen. Ich wusste zwar nicht, wann, aber ich würde wiederkommen.

Unser Ausflug hatte meine Konzentrationsschwierigkeiten im Davoser Tagungssaal nicht gemindert. Ich brachte das Seminar tapfer zu Ende und bedankte mich bei Maria beim Abschied für ihren frühen Morgenruf in die Berge.

Im letzten Viertel des Studiums ging es um die Diplomarbeit und die Abschlussprüfung. Das Thema der Abschlussarbeit sollte mit einem aktuellen Projekt unseres Arbeitsalltags verknüpft werden. Mir schwebte eine Arbeit zum Thema Veränderungskommunikation vor – da wäre ich in meinem Element, denn schließlich hatten sogenannte Change-Prozesse mich selbst in all den letzten Jahren deutlich geprägt. Für einen sehr sympathischen Kunden aus dem Online-

Bereich hatte ich gemeinsam mit Gisbert, einem der Grafik-designer aus meinem Freelancer-Pool, eine pfiffige Kampa-gne entwickelt, um neue Kundenkreise zu erschließen. Das Führungsteam des Unternehmens war sehr rührig, was die eigene Geschäftsentwicklung anging, und sie waren neuen Themen gegenüber immer sehr aufgeschlossen. An sie trug ich meine Bitte heran, die im Unternehmen stattfindenden Veränderungsprozesse begleiten und für meine Diplomar-beit dokumentieren zu dürfen. Sie sagten zu, zumal sie an den für sie kostenfrei generierten Ergebnissen meiner Stu-die interessiert waren. Die Zusammenarbeit war sehr er-freulich, und bald hatte ich gutes Material für meine Ab-schlussarbeit zusammen.

Noch vier Wochen bis zur Abgabe, und ich hatte drei wichtige Aufträge parallel zu bewältigen. Noch drei Wo-chen, und ich bekam Schmerzen im rechten Handgelenk. Noch zwei Wochen, und es rasselte ein Eilauftrag von ei-nem Stammkunden herein. Noch eine Woche, und die Kinder hatten Winterferien und lungerten zu Hause alleine herum. Wie lautete noch mal der Satz meiner Banknachba-rin auf dem Elternabend?

»Studium? Pfft. Klar. Das kann man ja auch so nebenbei machen.«

Die letzten zwei Tage und Nächte schrieb ich durch. Ich fühlte mich hundeelend. Und dann war der ganze Kram noch nicht ordentlich layoutet. Ein Grafiker musste her, und zwar sofort. Ich durchsuchte hektisch meine Liste von Grafikdesignern, mit denen ich an Projekten, bei denen Layout und Design involviert sind, zusammenarbeite. Gis-bert – das war der Richtige, der war sehr flexibel.

Gisbert war einer dieser kinderlosen Kreativen, die an keinem einzigen Tag einem ordentlichen Büro-Ablauf folgen, sondern ausschließlich ihrem eigenen Biorhythmus. Es kam vor, dass er mitten in einer Besprechung den Stift fallen ließ, um sich für 15 Minuten in sein Auto zurückzuziehen und dort ein Blitzschläfchen zu halten. Nach kurzer Zeit kam er dann mit neuer Energie wieder. Hauptsache, er machte das nicht, wenn ich Kunden zur Besprechung dahatte.

Ich flehte Gisbert an, aus meinem Textdurcheinander eine erstklassige Diplomarbeit mit Magazincharakter zu machen. Als angehende Corporate Publisherin konnte ich doch nicht mit dem Layout einer lumpig gemachten Schülerzeitung daherkommen. Gisbert verzichtete auf drei seiner Blitzschläfchen und lieferte mir ein schlichtes, elegantes Layout. Ich gab pünktlich ab. Ich war tatsächlich fertig geworden. Fix und fertig.

Aber das war nicht die größte Hürde gewesen. Nun gab es noch eine mündliche Prüfung. Ich packte mir die mittlerweile sechs Aktenordner neben meinen Schreibtisch und fing mit dem Lernpensum an. Tagsüber zu lernen hatte keinen Zweck, die Agentur musste weiterlaufen. Abends war ich zu müde. Blieben also die Morgenstunden und zwei kinderfreie Wochenenden bis zur Prüfung in Zürich.

»Herrgott, wozu mache ich das eigentlich? Ich bin wohl wahnsinnig gewesen, das Stipendium anzunehmen.«

»Ganz ruhig, du hast jetzt nur die Flatter, weil du in die Prüfung musst. Morgen Abend ist alles vorbei.«

Mein Bruder goss mir noch ein Glas Wein ein. Ich war gerade in seiner Zürcher Wohnung eingetroffen und hatte meinen Stapel Karteikarten, auf denen ich den Lernstoff verdichtet hatte, neben mich auf den Couchtisch gelegt.

»Ich könnte mich ohrfeigen. Diese blöde Prüfung.«

»Na, Schwesterlein, wie fühlt es sich jetzt an? So wie früher, in der neunten Klasse vielleicht? Wenn der Lehrer einen gezwungen hat, vor der ganzen Klasse ein Gedicht aufzusagen? So ähnlich?«

Ja, so ähnlich. Ein Gefühl des Ausgeliefertseins, ein doofes Gefühl.

»Da hilft nur eins, Schatzilein: den Stoff 1 a beherrschen. Ich lass dich mal.«

Sprach Daniel und verzog sich von der Terrasse. Und ließ mich mit meinen Karteikarten allein. Mit den Karten und dem phänomenalen Ausblick auf die Bergkette hinter dem Zürichsee.

Es war alles halb so schlimm. Die Fragen der Prüfer konnte ich alle beantworten, die spontane Analyse eines mir unbekannten Kundenmagazins gelang ebenso, und die kurze Diskussion über die Kundenbindungsziele der crossmedialen Kampagne einer Schweizer Versicherungsgruppe war entspannt, geradezu heiter gewesen. Ich holte Daniel von seiner Arbeit ab, und wir zogen mehrere Stunden um die Häuser. Mein Kopf war am nächsten Morgen immerhin noch klar genug, um einen lang ersehnten Kauf zu tätigen: ordentliche Bergwanderstiefel.

Nach der offiziellen Abschiedsfeier und der Überreichung der Diplomurkunden im Monat darauf blieben die meisten von uns Teilnehmern weiterhin in Kontakt miteinander. Mit einigen bin ich über Facebook vernetzt, es gab auch schon Besuche hier bei mir in Berlin und Potsdam. Nur die Kinder beschwerten sich, dass es nicht mehr regelmäßig Toblerone gab.

Natürlich sah man es mir nicht plötzlich an, dass ich eine zusätzliche Qualifikation erworben hatte. Aber das war auch nicht nötig. Selbst wenn sich nie jemand für mein Zertifikat der Zürcher Hochschule für Wirtschaft interessieren sollte, für mich war es wichtig, diesen Studiengang zu absolvieren. Ich habe inhaltlich und menschlich viel dazugelernt. Ich bin durch den Abschluss in die Lage versetzt, Projekte strukturierter anzugehen. Mein theoretisches Hintergrundwissen nutze ich für feingliedrigere Argumentationsketten in Konzepten. Ich kann die gesamte Kommunikationslage in Unternehmen wesentlich besser einschätzen. Habe ich vorher oft rein intuitiv gehandelt, kann ich nun begründen, warum ich zum Beispiel eine andere Kommunikationsmaßnahme als die vom Kunden gewünschte bevorzugen würde.

Mein neuer Wissensstatus und die erweiterten Kompetenzen sollten sich nun auch in meiner Firmierung ausdrücken. Die Bezeichnung »Büro für Redaktion« tauschte ich aus gegen »Agentur Text: van Laak« mit der Subline »corporate communications«. Das brachte mein neues Portfolio besser auf einen Nenner. Ich baute mein Standbein als Referentin weiter aus. Bei verschiedenen Instituten und Bildungsträgern bewarb ich mich als Dozentin für die Themenschwerpunkte Unternehmenssprache, Online-Texte, Kommunikationsstrategien. Seither habe ich viele Einzelcoachings durchgeführt, vor allem für Angestellte mit Internet-Verantwortung, die zunehmend Aufgaben als Online-Redakteure in ihren Unternehmen zu bewältigen haben.

Ich bleibe weiter dran. Mein Wissensdurst ist nie gestillt, die Neugier auf andere Themengebiete ist immer da. Und die Bereitschaft, sich und das Unternehmen weiterzuentwickeln. Täglich dazulernen zu dürfen ist eine prächtige Sache. Das Tolle daran: Man wird dadurch immer besser.

Im Jahr meines Studienabschlusses gewann ich einen neuen Kunden, der von meinem stringenten Konzept für den Relaunch seines Internetauftritts schnell überzeugt war. Er sagte zu mir nach zehn Tagen unserer Zusammenarbeit: »Frau van Laak, man merkt, hier ist ein Profi am Werk!«

Wenn das kein Ansporn ist!

Du warst den ganzen Sommer über im Büro, Mama.

Oder warum es falsch ist,
keine Pause zu machen.

Selbst und ständig. Das hört man oft von Unternehmern, dazu gibt es immer ein etwas schiefes Lächeln, einen kleinen Seufzer, da kann man nichts machen, so sei das eben. So dachte ich auch. Zumindest in den ersten drei Jahren.

Der Anfang einer Existenzgründung ist oft so rasant, dass es keine Zeit zum Innehalten, zum Nachdenken gibt. Das macht ja auch einen Teil des Spaßes an der ganzen Sache aus. Lieber zu viel zu tun, lieber jede Menge zu organisieren haben, lieber ein Gehetze und Gerenne als bedrohliche Ruhe, Zeit, Dinge nacheinander tun zu können, gefährliche Muße, die einen dazu bringt, über Sinnfragen nachzudenken, Angst vor einer Auftragsflaute.

In den ersten Monaten war ich noch ziemlich kopflos in eifrigem Aktionismus unterwegs gewesen, dann strukturierte sich der Alltag allmählich, was nicht heißen soll, dass ich dadurch langsamer treten konnte. Freizeit? An mein Unternehmen dachte ich auch in meiner freien Zeit. Wochenende? Hatte ich kinderfrei, arbeitete ich durch. Urlaub? Aber doch nicht in den ersten Jahren! Die meisten Selbständigen finden das alles ganz normal. Ich tat also das, was alle anderen auch taten, und ich fuhr gut damit. Auf die Idee, mit meinen Ressourcen zu haushalten, kam ich nicht. Ich fühlte mich jünger und stärker als zuvor, hatte den brennenden Willen in mir, meine Sache hervorragend zu machen, und fühlte sehr, sehr deutlich die Verantwortung, für das finanzielle Auskommen der Familie zu sorgen, um meinen Kindern ein ordentliches Leben ermöglichen zu können. Anders gesagt: Ich war auf dem breiten Trampelpfad der Selbstausbeutung unterwegs.

»In der zweiten Ferienhälfte sind wir bei dir, Mama. Was machen wir dann?«

»Ihr fahrt doch schon die ersten drei Wochen mit Papa weg, das reicht, würde ich sagen.«

»Ja, klar, aber die anderen drei Wochen können wir was Schönes hier zu Hause machen.«

»Wie wäre es mit schwimmen gehen? Jeden Tag was Leckeres kochen?«

»Au ja, wir gehen ins Strandbad, wir nehmen immer einen Picknickkorb mit – aber ab und zu dürfen wir uns auch Pommes kaufen, ja?«

»Ich will aber jeden Tag ausschlafen, wehe, ihr weckt mich!«

»Reparier lieber unsere Fahrräder, Jonas, damit wir nicht zum Strandbad laufen müssen.«

»Darf ich Nina mitnehmen, bitte, bitte!«

»Sie kriegt aber nichts von den Pommes ab.«

»Ich hab die Pommes doch noch gar nicht erlaubt.«

»Zeugnisse vorlesen! Zeugnisse vorlesen!«

Es war der letzte Schultag vor den Sommerferien, die Kinder hatten ihre Zeugnisse bekommen und saßen aufgeregt mit mir beim Italiener an der Ecke, wo unser halbjährliches Ritual des »Zeugnisessens« stattfand. Bevor wir nicht alle an dem Tisch im Restaurant saßen, wurde keine einzige Zeugnisnote preisgegeben, so dass sich bis zum Abend immer eine große Anspannung aufbaute, die sich dann mit fröhlichem Geplapper bei Pizza und Pasta entlud.

Jedes Kind stellte reihum sein Zeugnis vor, die anderen durften erst kommentieren, wenn der Vorlesende fertig war, und die Bandbreite der Äußerungen war vielfältig. So zum Beispiel die Jungen über Friedas Zeugnis:

»Bah, hast du aber ein langweiliges Zeugnis!« (lauter Einsen).

Einige Gäste schauten bereits neugierig zu uns herüber, ihnen war nicht entgangen, dass sich hier vier Geschwister gegenseitig ihre Zeugnisnoten verrieten.

Jetzt war Jonas an der Reihe, der schnurrbärtige Kellner brachte uns gerade Getränke.

»Sport: 2, Musik: 2, Deutsch: 4, Mathe: 4, Latein: Beep, Geschichte: 4«, las Jonas vor, und der Kellner zuckte bei dem schrillen Beep-Ton, den Jonas in Eigenzensur von sich gab, ein wenig zusammen. Die Leute am Nebentisch lachten, ich weniger.

»Und welche Note hat dich am meisten geärgert, welche hat dich am meisten gefreut?«

Auch diese Fragen gehörten zum Ritual. Die Antworten fördern immer sehr interessante Sichtweisen zutage. So freute sich Till einmal am meisten über eine 4 in Chemie in seinem Zeugnis, da er zuvor fast alle Tests mit 5 geschrieben hatte. Frieda ärgerte sich am meisten über eine 2 in Mathematik, weil sie die 1 um einen einzigen Punkt verpasst hatte.

Millie freute sich am meisten über die 1 in Sport (obwohl sie noch fünf weitere Einsen im Zeugnis hatte), weil sie hier vor den Augen der versammelten Klasse beim Sprint einem Jungen (einem Jungen!) davongelaufen war.

Jonas ärgerte sich heute am meisten über seine Beep. Gefreut hat er sich als leidenschaftlicher Chorsänger am meisten über seine 2 in Musik.

Am Ende unseres Essens zog auch ich einige Papiere hervor.

»Kinder, das hier habe ich in einem alten Ordner gefunden. Es sind meine alten Zeugnisse, und ich habe diejenigen herausgesucht, die genau euren Klassenstufen entsprechen. Wollt ihr hören?«

Die Kinder wollten. In ihren Augen war ich das schulische Vorbild schlechthin. Gewesen. Bis zu diesem Moment.

Ich war vier Jahre alt, als meine Mutter im tiefsten Dschungel Nigerias damit begann, meinem Bruder und mir das Lesen und Schreiben beizubringen. Eine englische oder gar deutsche Schule gab es erst in der Hauptstadt Lagos, und die lag über eine Tagesreise entfernt vom Hospital, in dem meine Eltern als Entwicklungshelfer arbeiteten. Mein ein Jahr älterer Bruder und ich erhielten Grundschulunterricht in einer kleinen Baracke. Meine Mutter hatte diese liebevoll hergerichtet und sie einem deutschen Klassenzimmer nachempfunden. Unsere Mutter hatte sich noch vor dem Auslandsaufenthalt in Deutschland mit Schulbüchern eingedeckt und probierte nun ihr pädagogisch-didaktisches Talent an ihren beiden ältesten Kindern aus. Was habe ich diese »Schule« geliebt! Wir hatten ein schwarz bemaltes Brett als Tafel, auf das meine Mutter mit ihrem knallroten Nagellack freihändig Linien gezogen hatte, damit wir besser darauf schreiben konnten. Wir hatten Steine und kleine

Samenkügelchen exotischer Gewächse, um uns das Wissen von Zahlen und Mengen anzueignen. Und wir hatten Bücher mit Geschichten, die wir abends, unter unseren Moskitonetzen liegend, verschlangen. Zurück in Deutschland, wurde ich sogleich in die zweite Grundschulklasse aufgenommen und machte nach zwölf problemlosen Schuljahren mit 17 Jahren mein Abitur.

Die Kinder dachten also, ihre Mama wäre der Schulcrack schlechthin. Dachte ich auch. Meine Zeugnisse: was für eine Enttäuschung! In der Grundschule hieß es immer wieder: »Petra muss lebhafter werden.« Und dazu lauter Dreien in den Fächern. Die Noten der 5., 7. und 9. Klasse waren auch nicht viel besser. In Deutsch stand zwar immer eine 1 da, aber in Mathe hatte ich kontinuierlich eine Beep-Note. Jonas schien etwas erleichtert zu sein, Frieda und Millie waren aber schlichtweg enttäuscht, und Till dachte laut: »Hattet ihr so strenge Lehrer oder warum warst du so schlecht in der Schule?«

»Ich war doch nicht schlecht! Nur nicht so gut, wie ihr immer dachtet.« Dann fügte ich noch kleinlaut hinzu: »Und wie *ich* immer dachte.«

Ich zahlte bei einem anderen Kellner, dann standen wir alle etwas ernüchtert vom Tisch auf. Wir wollten gerade zur Tür hinaus, da kam der schnauzbärtige Kellner von vorhin auf uns zu, berührte Jonas freundlich am Arm und sagte: »Du, das mit deiner Latein-Note, entschuldige, ich hab das eben mitgekriegt, also, ich wollte dir noch sagen, nicht aufgeben! Du schaffst das schon. Das nächste Mal wird es bestimmt eine 4. Alles Gute!« Drehte sich um und verschwand.

Jonas' Augen leuchteten auf dem Nachhauseweg. Bei meiner Gutenachtrunde schaute er versonnen an seine

Zimmerdecke, an die er ein großes Poster mit einer fliegenden Staffel von Tornado-Fightern geklebt hatte.

»Du, Mama, ich glaube, am meisten gefreut hat mich doch nicht das Fach Musik, sondern die Beep-Note.«

So begann für uns alle die Ferienzeit in einer schönen Stimmung. Am darauffolgenden Wochenende verabschiedete ich meine Lieben in den Urlaub mit ihrem Vater. Dann fuhr ich ins Büro und begann meine Zwölf-Stunden-Bürotage. Schließlich wartete ja jetzt zu Hause drei Wochen lang keiner auf mich.

Dass es kein Spaziergang ist, Familie und Beruf unter einen Hut zu bekommen, ist bekannt. Da ist die Anzahl an Kindern auch fast egal, die Probleme sind ja dieselben: Was mache ich, wenn ein Kind krank wird? Ist es gut und zeitlich zuverlässig untergebracht? Was mache ich mit dem Kind in den Schulferien?

Schulferien! Auf einmal stellte ich fest, dass es in Deutschland unglaublich viele Schulferien gab. Kaum hat man sich nach den Sommerferien wieder im Alltagsrhythmus zurechtgefunden, sind da schon wieder die Herbstferien. Und nach gefühlten zwei Wochen Schule gehen schon die ersten Abstimmungsmails bezüglich der Weihnachtsfeiern der Schulklassen herum. Nach den Weihnachtsferien braucht man nur kurz mit den Fingern schnippen, und zack – gibt es Zeugnisse und damit die Winterferien.

Schulferien bedeuteten für mich einen hohen Logistik-Aufwand, denn ich musste ja zusehen, dass mein Laden weiterlief. Keine Großeltern in der Nähe, Schließzeiten des Horts beachten, Ferienzeiten mit Freunden der Kinder synchronisieren. Meine vier Kinder konnte ich nicht als geschlossene Geschwistergruppe zu einer Freundin geben, es waren zu viele. Ausnahme war meine Schwester, die selbst drei Kinder im Alter von meinen hatte und meine Kinder tageweise komplett zu sich nahm – und umgekehrt, so dass es zu Wochenenden kam, an denen sieben Kinder bei mir herumsprangen.

Der Familien-Ferienpass ist eine Hilfe, wenn es darum geht, Kinder in den Schulferien gut unterzubringen. Jedoch war es wieder schwierig, alle vier Kinder gleichzeitig in Projekten zu beschäftigen, die allen Spaß machten. Aber die Kinder wurden ja größer, und so kündigte ich in diesem Jahr für die letzten drei Wochen der Sommerferien an, alle ausschlafen zu lassen (Jubel I), ihnen ein schönes Frühstück hinzustellen (Jubel II) und dann gegen 14 Uhr aus dem Büro nach Hause zu kommen, um gemeinsam etwas zu unternehmen (Jubel III). Das war ein guter Kompromiss.

Die ersten drei kinderfreien Wochen der Sommerferien hatte ich durchgeackert, und ich genoss die abendliche Ruhe zu Hause. In der zweiten Hälfte der Sommerferien nun stand ich um sieben statt um sechs Uhr auf, bereitete ein schönes Frühstück für die Kinder, schlich mich aus dem Haus und war um acht im Büro. Die Zeit bis 14 Uhr verging wie im Fluge, und die erste Woche hielt ich mich an die von mir angedachten sechs Stunden Bürozeit. Nachmittags gingen wir alle ins Strandbad oder fuhren in den Volkspark, abends kochten wir lecker – es waren heitere, entspannte Tage.

In der zweiten Woche kam ich zwar gegen 14 Uhr nach Hause, hatte aber noch so viel Arbeit im Büro liegengelassen, dass ich nach einem gemeinsamen Mittagessen noch einmal hinfahren musste und die Kinder alleine ins Strandbad zogen. Ich achtete darauf, dass sie immer genügend

Geld für Pommes dabeihatten. Das Wochenende nahm ich mir komplett frei.

Die dritte und letzte Ferienwoche war wie immer eine Woche der Vorbereitung auf die Schule. Bücher mussten bestellt und abgeholt, Ranzen gesäubert, Schulhefte durchgesehen, Materialien aufgefüllt, Fahrräder gecheckt werden. Die Kinder machten das alles schon alleine und halfen sich gegenseitig. Mittags kam ich gar nicht mehr aus dem Büro nach Hause, dafür lud ich die Kinder mittags zu mir ins Büro ein, damit wir gemeinsam in der Kantine des Gründerzentrums essen konnten. So hatten wir wenigstens noch einen Berührungspunkt am Tag. Abends kam ich erschöpft nach Hause und hatte keine Lust mehr, irgendetwas zu machen. Und dann fing auch schon wieder die Schule an, das frühe Aufstehen um 5.30 Uhr, die vielen zusätzlichen Termine. Wo war der Sommer mit den Kindern geblieben?

In der zweiten Schulwoche stand ich abends mit einer netten Nachbarin im Hof, wir erzählten uns von den Ferien.

»Wir waren die erste Hälfte zelten, Lutz war auch mit, Sohnemann war happy. Danach haben wir ihn noch zur Oma geschickt. Lutz und ich mussten beide wieder arbeiten, aber ich sag dir, das war wie ein zweiter Honeymoon, mal ohne Kind, nur mein Mann und ich.«

Jetzt kam Millie hinzu und zeigte uns den neu sortierten Inhalt ihrer Federtasche, die wir (mütterliche Korrektheit) lauthals bewunderten.

»Und ich hatte die ersten drei Wochen kinderfrei. Ich konnte mal richtig was wegschaffen, ohne auf die Uhr zu sehen, bis abends im Büro, war richtig effizientes Arbeiten.«

Millie hüpfte auf der Stelle auf einem Bein und hielt dabei meine Hand fest, so dass ich immerzu wackelte.

»Und in der zweiten Hälfte haben die Kinder und ich was ganz Tolles gemacht: Die haben ausgeschlafen, ich hab ihnen lecker Frühstück hingestellt, dann bin ich ins Büro, mittags zurück, da hatten die sich gerade angezogen, dann sind wir alle zusammen ins Strandbad oder haben jeden Tag was anderes unternommen.«

»Gar nicht wahr, Mama, du warst den ganzen Sommer im Büro!«, mischte sich Millie ein.

»Aber das stimmt doch gar nicht, Millie. Wir haben doch viel zusammen gemacht.«

Die Nachbarin guckte gespannt zu Millie, dann zu mir und wieder zurück.

»Nee, Mama, am Anfang vielleicht, aber dann warst du nur im Büro. Und als wir mit Papa verreist waren, warst du auch im Büro. Den ganzen Sommer im Büro.«

Dann hörte sie auf zu hüpfen und riss sich los, um mit der Federtasche unterm Arm ins Haus zu rennen.

»Ja, ja, selbst und ständig«, lachte meine Nachbarin.

»Ja, ja«, murmelte ich, und mir war gar nicht zum Lachen zumute. Nachdenklich ging in die Wohnung.

Meine Jüngste hatte recht. Ich hatte erst empört dazwischengrätschen wollen, als sich Millie naseweis mit ihrer Bemerkung eingeschaltet hatte – nun versuchte ich, die Sommerzeit mit ihren Augen zu betrachten. Sie hatte sich ja gar nicht darüber beschwert, dass sie oder ihre Geschwister zu kurz gekommen seien. (Das ist ja immer das Erste, was man als Mutter denkt: Ich habe die Kinder vernachlässigt.) Sie hatte nur festgestellt, dass ich keinen Urlaub gemacht hatte. Und da bekanntlich Erkenntnis der erste Schritt auf dem Weg zur Veränderung ist, grübelte ich darüber nach, wie ich mein Handeln modifizieren konnte.

Im Nachhinein bin ich Millie sehr dankbar für diese auf dem Hof hüpfend ausgesprochene Äußerung. Ich dachte, dass es da erst einen körperlichen oder seelischen Zusammenbruch geben müsse, der mich dann ans Kürzertreten, an Urlaub, an Freizeit gemahnen würde. Was für ein verquerer Gedanke. Millie hat mir diese Situation, heutzutage auch Burn-out genannt, erspart. Natürlich dauerte es noch eine ganze Weile, bis ich meine guten Vorsätze in die Tat umsetzte, denn ich machte ja alles selbst und alles ständig …

Im Sommer darauf nahm ich mir zehn Tage frei, die ich mit den beiden Jüngsten in Süddeutschland auf einem Bauernhof verbrachte. Es gab im Garten einen großen Pool, auf dem Gelände einen ausgezeichneten Handy-Empfang, in der Wohnung ein (langsames) WLAN-Netz, und meinen Laptop hatte ich auch dabei. Fehler. Der Erholungsfaktor war mäßig. (Mein letzter Urlaub fand in einem toskanischen Funkloch statt – *das* war Erholung.)

Ein Jahr später ließ ich den Laptop zu Hause und besprach den Anrufbeantworter mit einem lockeren Spruch zur Urlaubszeit der Agentur. Dieses Mal fuhr ich mit den Kindern nach Norddeutschland, sie hatten im Internet einen Bauernhof mit Gästezimmern ausgesucht und alles alleine gebucht, ich hatte mich um nichts zu kümmern brauchen. Fehler.

Wir kamen im strömenden Regen auf einen Hof, der als Kulisse für einen Western in einer aufgegebenen Goldgräberstadt mit ein paar räudigen Tieren und armseligen übrig gebliebenen Gestalten getaugt hätte. Till, Millie und ich saßen auf dem fleckigen Sofa der Ferienwohnung und waren bestürzt von der deprimierenden Aussicht auf zehn wertvolle Urlaubstage im Dreck, abgeschnitten von der lieblich gewellten Landschaft und den niedlichen Ortschaften, dazu ein griesgrämiger Bauer, der die Großstädter misstrauisch begrüßt hatte – und dazu dieser stechende Geruch, der vom Hof herrührte. Till brachte seine Tasche in das Kinderzimmer und kreischte auf. Millie und ich stürzten hinüber, er zeigte auf das Fenster. Direkt unterhalb des Fensters befand sich ein gigantischer Misthaufen, der fast bis an die Fensterkante reichte. Vorsichtig öffnete Till das Fenster, und wir fielen fast hintenüber, so sehr legte sich der Gestank auf unsere Lungenflügel.

»Mama, das halte ich nicht aus.«

»Mir beschlagen die Pupillen.«

»Weg hier. Bloß weg hier.«

Wir flohen regelrecht. Der Bauer bestand jedoch auf der Bezahlung der gebuchten Woche. Und wir hatten Schwierigkeiten, ein neues Quartier zu finden. In einem anderen Dorf fanden wir schließlich ein überteuertes kleines Ferienhäuschen, dessen Besitzer leidenschaftliche Wanderreiter waren und dies die Gäste auf jedem Quadratzentimeter Wandfläche wissen ließen. Urkunden, Fotos, Zeitungsausschnitte, Pferdeminiaturen und lauter Zeugs, das irgendwie mit Gäulen zu tun hatte, drängten sich an Wänden, auf überladenen Kommoden, pflasterten den Flur und hingen über dem Esstisch. Im Schlafzimmer entkam man den Pferden und ihren Besitzern auch nicht: Dort grinsten uns die Eigentümer mit Reiterhelmen von gerahmten Zeitschriftenartikeln entgegen.

Wir machten das Beste draus. Was die Kinder und mich stets zufrieden und froh macht, ist der Gang in die nächste Bibliothek. Wir erstanden also einen Gästeausweis und liehen kiloweise Bücher, Gesellschaftsspiele und Musik aus. Das half uns über die Dominanz der Pferde hinweg. »Das nächste Mal«, schwor ich mir, »fahren wir nur an einen Ort, der uns explizit empfohlen wurde.«

Eine solche Empfehlung testeten wir gemeinsam an einem Wochenende im Spätsommer. Wir waren in einem Familienzimmer in einem alten Gutshaus in Mecklenburg untergebracht, das an einem großen See lag. Mit Till ging ich gleich nach unserer Ankunft um den See spazieren. Ich ließ Gepäck und Handtasche bei Frieda und steckte nur mein Handy in die Hosentasche. Ich war noch auf Rückruf bei zwei Kunden. Bei dem einen ging es um eine Druckfreigabe, bei dem anderen um einen Auftrag, der am Montag ausgelöst werden sollte.

Es war früher Abend, und wir hatten den Weg unterschätzt. Es war schon ein bisschen dämmrig, wir wollten schnell zur Unterkunft zurück, plötzlich versperrten uns ein Dutzend Kühe den Weg. Als Städter waren wir verängstigt, und Till war mehr als erleichtert, als ich mit ihm vom Weg abbog, geradewegs in das Dickicht hinein. Wir liefen schnurgerade durch das Unterholz in Richtung Gutshaus und merkten zunächst nicht, dass der Boden immer weicher wurde, bis wir schließlich mit den Sandalen im schmatzenden Schlamm standen. Ich sank naturgemäß tiefer ein als Till, der das sehr witzig fand. Das ganze Gebiet war ein einziger Sumpf. Weit hinten konnten wir die weiß gestrichenen Mauern des Haupthauses erkennen. Ein Zurück gab es nicht, denn dort drohten ja die Kühe. Also entschlossen wir uns, dreckige Füße und Sandalen in Kauf zu nehmen und weiter geradeaus auf das Haus zuzuhalten. Dann kam der erste Wasserlauf, den wir behende übersprangen. Der zweite Wasserlauf war bereits etwas breiter, jedoch noch mit Eleganz zu nehmen. Der dritte Graben war ziemlich breit, Till nahm Anlauf, warf seine langen Stelzenbeine voraus und schaffte es auf die andere Seite. Auch ich wollte den Bach würdevoll überqueren, sprang kraftvoll ab – und landete mit beiden Füßen im Wasserlauf. Till, der sich an einer jungen Birke festhielt, bog sich vor Lachen, so dass das Bäumchen mitzitterte. Gerade wollte ich herauswaten, als es einen kleinen Seufzer gab und ich zehn Zentimeter tiefer sackte. Till schaute mich erschrocken an und bot mir seine Hand. Mit der anderen hielt er sich am Baumstamm fest. Ich versuchte, meine Füße aus dem sumpfigen Untergrund des Wasserlaufs zu ziehen, aber es gelang mir nur eine unbestimmte Vorwärtsbewegung. Ich griff Tills Hand, und so standen wir für einige Sekunden ineinander verhakt da, während ich noch ein Stückchen tiefer sank. Ich verlor das Gleichgewicht, und wie in Zeitlupe fiel ich nach schräg hinten um, bis ich im Wasser saß. Meine Blicke trafen sich mit Tills – mein Sohn wusste nicht, wie er das alles finden sollte. Es war ein wenig bedrohlich und gleichzeitig urkomisch, seine Mutter im schlammigen Flussbett zu sehen.

»Du darfst ruhig lachen, Till.«

Und schon prustete er los, dass sich das Laub der Birke nur so schüttelte. Dann musste auch ich lachen. Schließlich schaffte ich es ans andere Ufer, aber bis zur Taille war ich über und über mit schwärzlichem Schlamm bedeckt. Im Wasser waberten schwarze Wolken aus aufgewirbeltem Schlamm.

»Boah, siehst du scheiße aus, Mama.«

»Ist ja gut. Los, weiter. Es wird dunkel.«

»Boah, unten schwarz, oben weiß. Krass.«

»Till, mach hinne, ich will weiter.«

»Gib mal dein Handy, Mama, ich mach 'n Foto.«

»Denkste. Los, weiter.«

»Bitte, bitte, Mama, ein Foto.«

Ich griff in meine Hosentasche – kein Handy. Die andere Hosentasche vielleicht? Kein Handy. Ich klopfte meine gesamte schlammige Kleidung ab, kein Handy.

»Du, das liegt im Fluss, Mama.«

Wir stapften wieder zurück, fluchend und schimpfend. Der Bach lag so da, als sei nie etwas gewesen. Das Wasser plätscherte glasklar dahin, das Flussbett sah so aus, als gäbe es nur eine kleine seichte Sandschicht und keinen schlammigen Schlund, der ganze Mütter verschlingen konnte. Mütter und ihre Handys.

»Ich geh nachgucken.«

»Nein, du gehst da nicht rein!«, verbot ich Till, der sich für eines meiner wichtigsten Arbeitsmittel ins Wasser werfen wollte.

»Bestimmt liegt es da unten irgendwo.«

»Ja, aber da muss es wohl bleiben. Verdammter Mist. Meine Kunden. Ich krieg die Krise.«

Jonas, Frieda und Millie hatten sich schon Sorgen gemacht, sie liefen uns am Ufer des Sees entgegen, als wir endlich aus dem Unterholz herauskrochen. Jonas machte zur Freude seiner Geschwister mit seinem Mobiltelefon gleich ein Foto von der verschlammten Mama. Meine Sachen wusch ich sofort im See neben einem Angler aus, der diskret zur Seite schaute, als ich mir auch meine Unterwäsche vorknöpfte. Jonas überließ mir seinen langen Kapuzenpulli, der mir gerade über den Po reichte, damit ich vom Seeufer sicher in unser Quartier gelangen konnte.

Wir schliefen alle in einem großen Schlafzimmer, und die Kinder kicherten noch eine Weile herum.

»Los, ruf mal an!«

»Au ja, mal gucken, ob es klingelt.«

»Oder vielleicht geht ja einer ran?«

»Vollpfosten, ne Kaulquappe, ja?«

Dann war alles ruhig. Bis Jonas rief:

»Du Mama, das tutet in echt.«

Wir stellten uns alle vor, wie mein Handy auf dem Grund des Sumpfes lag und vor sich hin klingelte. Keine angenehme Vorstellung.

»Los, noch mal!« drängte Till seinen Bruder nach einer Weile.

»Zu diesem Anschluss besteht zurzeit keine Funkverbindung.«

»Der Akku ist jetzt leer!«, stellte Millie fest.

»Kinder, könnt ihr mal Ruhe geben?«

Eine Zeitlang war es mucksmäuschenstill.

»Los, Jonas, noch mal!«, flüsterte Frieda.

»Jetzt hört man gar nichts mehr. Das war's dann wohl«, verkündete Jonas.

Es reichte. Ich wollte endlich mit dem versumpften Handy abschließen.

»Ja, das war's dann wohl. Gute Nacht. Ruhe jetzt!«

Die Frösche quakten in der Nacht, der Himmel war klar und mit Sternen bestreuselt, der Wald rauschte, die Luft ging durch Eichendorff'sche Felder – es war ein himmlischer Ort. Es würde ein erstklassiges Wochenende werden. Ganz ohne Handy.

Wenn die freie Zeit, die man für sich hat oder die man mit den Kindern entspannt verbringen möchte, auf wenige Tage im Jahr zusammenschnurrt, sind die Erwartungen entsprechend hoch. Alle Wünsche werden in diese kurze

Zeit transportiert, die unbedingt gelingen muss, die zu einem herrlichen Erlebnis für alle werden soll. Eigentlich ist dies ein Anspruch, der nicht erfüllt werden kann. Die Kunst ist doch vielmehr, im Alltag, im Hier und Jetzt, so zu leben, dass ein größtmöglicher Grad an Entspannung erreicht wird, ohne dabei unproduktiv zu werden. Ein Urlaubsgefühl inmitten des normalen Lebens integrieren.

Wie konnte ich es anstellen, jeden Tag ein wenig Urlaub zu erleben, um nicht alles Sehnen nach Ruhe und Erholung auf zehn lächerliche Tage im Jahr zusammenziehen zu müssen? Ohne es zu wissen, bastelte ich bereits an meiner eigenen Burn-out-Prävention, bevor dieses Wort in Mode kam. Ich fing mit einem ganz kleinen Versatzstück an: Wenn ich aus dem Büro kam, kochte ich mir zu Hause eine große Tasse Kaffee und hockte mich zu den Kindern, was auch immer diese gerade taten. So saß ich schweigend neben Till, der in Matheaufgaben vertieft war, von denen ich nicht die Bohne verstand. Ich lag auf Millies Bett, während diese ihre Polly Pockets sortierte und dabei mit sich selbst sprach, ich fragte Frieda ihre Lateinvokabeln ab und freute mich, wenn ich noch etwas auswendig wusste. In Jonas' Zimmerecke schaute ich meinem Ältesten über die Schulter, wie er ein Autorennen am Computer spielte, selbstverständlich erst nach Erledigung der Hausaufgaben. Das waren vielleicht nur 30 Minuten, diese jedoch waren ohne Druck, ohne Anstrengung, ohne Zielvorgabe – und das war wichtig, um das Büro hinter mir lassen zu können. Oft ging ich abends noch an den Rechner, aber die 30 Minuten nach Ankunft zu Hause ließ ich mir nicht mehr nehmen. Richtig gemacht.

Der nächste Teil meines Work-Life-Balance-Programms betraf mein Schlafpensum. Sechs Stunden waren normal, manchmal schaffte ich sogar siebeneinhalb Stunden, an den

Wochenenden kam ich auf neun Stunden. Jeder weiß, dass die Schlafbedürfnisse unterschiedlich sind, das Idealmaß scheint bei acht Stunden zu liegen. Wenn ich so darüber nachdachte, war meine spontane Antwort auf die Frage »Was möchtest du am allerliebsten am Wochenende tun?« immer nur: schlafen. Lasst mich schlafen. Einfach nur schlafen. Das ging natürlich nicht. Am Wochenende hieß es einkaufen, putzen, vorkochen, Dinge erledigen, Markt, Freunde waren da, Kinder mussten irgendwo hinbegleitet werden usw. Dass ich mich nach dem Schlafen so verzehrte, konnte womöglich an chronischem Schlafmangel liegen, dachte ich mir …

»Ich geh ins Bett, Kinder, gute Nacht.«

»Waaas? Ist doch erst neun Uhr, Mama.«

»Ich bin müde. Ich lese noch, dann schlafe ich früh.«

»Dann musst du mir aber vorher gute Nacht sagen kommen. Kommst du so um halb zehn an mein Bett?«

»Frieda, ich bin zu müde. Ich gehe *jetzt* ins Bett. Also jetzt Gutenachtrunde oder gar nicht.«

»Gut, Mama, dann komm ich eben zu *dir* und sage *dir* gute Nacht.«

Der Spieß drehte sich um. Ich saß wohlig und mit niedrigstem Kreislauf in meinem Bett, las noch ein wenig Zeitung oder in einem Buch, und der Reihe nach kamen die Kinder zu mir, um mir gute Nacht zu wünschen. Oft war es so, dass ich bereits schlief, wenn die Großen ihr Licht ausmachten. Weil die Kontrolle der Zubettgehzeit durch mich ausfiel, gab es sicher Momente, die vor allem Jonas ausnutzte, aber ich wusste, dass er es nicht überstrapazieren würde.

»Mama, du hast Kringel unter den Augen, geh ins Bett!«

So etwas bekam ich nun häufiger zu hören, und ich folgte dem gerne. Die hormongesteuerte Brut tummelte sich derweil in digitalen sozialen Netzwerken, führte kreischige Freundinnen-Telefonate oder baute neue Städte und Räume auf Sims & Co. Ich sank in meine Kissen und dachte nur, wie schön es ist, wenn sich jemand um einen kümmert, und sei es nur, ins Bett geschickt zu werden.

Je öfter ich acht Stunden schlief, desto weniger brannte in mir der Wunsch, am Wochenende nur zu schlafen schlafen schlafen. Ich war sehr zufrieden mit mir und versuchte herauszufinden, was ich denn eigentlich früher in der Zeit gemacht hatte, die ich jetzt abends so wonnig verschlief. Gelesen, noch schnell einen Text redigiert, ferngesehen – ja, und, fehlte mir etwas? Nein. Na also. Richtig gemacht.

Es ist kein Geheimnis: Durch regelmäßigen Schlaf, genügend Urlaub, kleine Auszeiten ist eine Leistungssteigerung möglich. Komisch, dass ich nicht schon früher darauf gekommen bin. Zum so effizient klingenden Begriff *Zeitmanagement* gehört nämlich auch das Einplanen von Mußestunden. Wobei ich jede Mußeminute mehrmals abwäge, bevor ich sie mir gönne.

Wie schräg ist das bloß, dachte ich vor kurzem, da komme ich vom zweistündigen genüsslichen Shoppen aus einem Konsumtempel und lese auf einem großen Schild, das am Ausgang angebracht ist: »Jetzt haben Sie sich eine Auszeit verdient.« Dazu ein Foto von einer edlen Wellnesslocation. Für wen mag das Shoppen von schönen Dingen Arbeit sein? Für mich als Selbständige jedenfalls nicht.

Der Trick ist also, sich die Zeit richtig einzuteilen, und zwar die Arbeits-Zeit und die Frei-Zeit. Wenn man das Gefühl bekommt, alles wachse einem über den Kopf, sollte man kurz innehalten und überlegen: Was kann weg? Was ist wirklich wichtig? Wo muss ich nicht unbedingt hin? Es ist erstaunlich, wie viel wegkann. Nein, ich muss nicht unbedingt den Kuchen für den Schulbasar selbst backen, ich kann einen kaufen. Nein, ich muss nicht zu dem Vortrag heute Abend gehen, ich lasse ihn ausfallen. Nein, ich muss das Konzept nicht heute zum Kunden mailen, das geht auch morgen Nachmittag.

Wie schön, wenn sich dann ein Zustand einstellt, der mit dem fragwürdigen »selbst und ständig« nicht mehr viel gemeinsam hat. Stattdessen entsteht eine Art von Zufriedenheit, von Glücklichsein, die den Alltag durchzieht wie die Himbeersoßenstreifen den Vanillepudding – zumindest ist das bei dem Rezept meiner Großmutter so.

Zurzeit arbeite ich an Stufe drei meiner ganz persönlichen Burn-out-Prävention. Kleine Inseln, winzige Fluchten in den Alltag einbauen, irgendwo im dichten Tag plazieren. Das ist das Allerschwerste für mich. Ich bin aufs Fleißigsein programmiert – eine Eigenschaft, die für einen Selbständigen perfekt ist. Und die Gefahr birgt, die Arbeit wie ein einziges großes Projekt anzusehen, das 24 Stunden lang betreut werden muss. Ich bewege mich sehr schnell, ich habe mein Büro effizient organisiert, wenig Zeitverlust bei Projekten, straffes Abhalten von Meetings usw. und dazu eine große Selbstdisziplin, um all die Aufgaben, Aufträge, Ehrenämter, Familien- und Haushaltspflichten zur Zufriedenheit aller zu bewältigen. Aha, und wo bleibe ich dabei? Na ja, mein Motor schnurrt doch noch, und zwar einwandfrei. Aber wie lange noch?

Die Arbeit an Stufe drei des Work-Life-Balance-Programms hört übrigens nie auf. Jeden Tag mache ich mir aufs Neue bewusst, dass es auf die kleinen Momente ankommt, auf die »quality time«. Das bedeutet zum Beispiel: eine Pause machen und eine Runde spazieren gehen, wenn die Sonne gerade so schön scheint. An einem diesigen Tag eine Stunde später ins Büro gehen und stattdessen den Teig für ein köstliches Roggenbrot ansetzen, auf das sich alle den ganzen Tag über freuen können. Einen Weg vom Kunden zurück ins Büro spontan unterbrechen und bei einer Kollegin vorbeischauen, um eine Tasse Kaffee zu trinken und sich über dies und das auszutauschen. Ein kinderfreies Wochenende dazu nutzen, eine Ausstellung in aller Ruhe anzusehen oder Freunde zum Essen einzuladen.

Auf die Stufe drei der Anleitung zum Glücklichsein wurde ich von meiner Tochter Frieda gehievt.

»Komm mal mit zu unserer Taizé-Meditation, das wird dir guttun«, lud mich Frieda an einem dunklen Dezemberabend ein. Sie war seit einem Jahr in der Gemeinde als Jugendgruppenleiterin engagiert und in den Pfarrgemeinderat gewählt worden. Im letzten Sommer war sie nach Taizé gefahren, jenen magischen Ort in Südfrankreich, zu dem Jugendliche aus aller Welt pilgern, um in der christlichen Gemeinschaft der Brüder von Taizé zu leben, zu diskutieren, zu beten und zu arbeiten. Alle Taizéler, die ich bis dato kennengelernt hatte, waren offene, engagierte, sehr humorvolle junge Menschen gewesen. Zentraler Teil der Zusammenkünfte in Taizé sind die Gesänge in sehr vielen Sprachen.

Frieda hakte mich unter und plazierte mich mit anderen Jugendlichen und Erwachsenen unter die barocke Kuppel der Kirche, wo ich mich 45 Minuten lang von den schönen Melodien der Taizé-Lieder davontragen ließ. Ich schaute mir die Gesichter der jungen Menschen an, wie sie mit geschlossenen Augen sangen oder beteten, ernsthaft, versunken, fast jeder von ihnen engagiert in ehrenamtlichen Projekten, für die sie ihre Zeit und Kraft opferten.

Business ist nicht alles, dachte ich. Sicher, ich muss mich um das Familieneinkommen kümmern, aber das geht auch, wenn ich einen Gang runterschalte und mir die Zeit nehme, diese jungen Menschen zu verstehen. Auch auf sie kommt es an, sie gestalten unsere Zukunft mit.

Frieda lächelte mir während des Schlussgesangs selig zu, ich lächelte zurück und hätte die Welt umarmen können. Wie schön, dass meine Tochter mir diese Erfahrung ermöglicht hatte.

Sie ermöglichte mir noch eine ganz andere Erfahrung. Nämlich die, mehrere Besucher des Taizé-Weltjugendtreffens, das über Silvester in Berlin stattfinden sollte, bei uns aufzunehmen.

Auf dem Rückweg von der Kirche hakte sie sich wieder bei mir unter und fragte harmlos, ganz nebenbei, wie zufällig, ihre vom Gesang eingelullte Mutter: »Sag mal, Mama, wir könnten doch auch Taizéler aufnehmen, oder?«

»Ähm, Frieda, bei uns ist nicht viel Platz …«

»Müssen ja nicht viele sein. Aber jeder Schlafplatz wird gebraucht. Das Komitee startet noch mal eine Gastgeber-Offensive.«

»Welches Komitee?«

»Das Vorbereitungskomitee für das Weltjugendtreffen. Ich bin auch da drin.«

»Das wusste ich gar nicht. Seit wann denn?«

»Ach, Mama, du kriegst ja gar nichts mit. Seit vier Monaten. Ich bin für die Franzosen, Italiener und Spanier zuständig. Vom 28. Dezember bis 2. Januar. Also, können jetzt welche bei uns pennen?«

»Na gut. Zwei.«

Es wurden drei Italienerinnen, zwei Franzosen und ein Schweizer.

Es machte zwar Arbeit, aber erstens verteilte diese sich auf mehrere Schultern, zweitens waren die jungen Menschen eine Bereicherung, drittens hatte ich nicht einen Moment lang das Gefühl, meine Zeit zu vergeuden. Es war so sinnvoll, viel sinnvoller als manche Stunde, die ich an Werbetexten gefeilt hatte. Ich fühlte mich gut aufgehoben auf Stufe drei meines ganz persönlichen Programms zum Glücklichsein.

»Machen Sie Yoga? Oder wie schaffen Sie es, so entspannt rüberzukommen?«

Diese Vermutung ist ja noch harmlos. Mir wurden schon – wohlmeinend – geheimnisvolle Kraftquellen wie astrologische Beratung, die Zugehörigkeit zu einer religiösen Sekte, die Einnahme von Medikamenten, Eisschwimmen und ein steinreicher Liebhaber unterstellt. Dabei ist es alles viel einfacher. Der Glücksforscher Mihaly Csikszentmihalyi beschreibt in seinem Buch »Flow: Das Geheimnis des Glücks« eindrücklich, wie Menschen auf der Jagd nach Zufriedenheit und Glück versuchen, Freuden wie Reichtum, Macht und Sex zu maximieren. Dies kann jedoch die Lebensqualität nicht langfristig verbessern. Letztendlich konzentriert sich alles auf die Fähigkeit, Freude an allem, was man tut, zu empfinden. In meinem Fall habe ich nach meiner Gründung zwar meist Freude an meiner Arbeit empfunden, paradoxerweise aber nicht so sehr Freude an meinen Pausen. Zu viel Leistungsdruck im Nacken, zu viel Verantwortungsgefühl – kein Wunder, dass meine innere Unruhe mir ständig im Weg stand, wenn es um Phasen der Entspannung ging. Aber ich habe daraus gelernt. Wie schon so oft.

Und nun werde ich dieses Kapitel abschließen. Zeit für eine Pause.

Was für ein Award?

Oder warum es gut ist,
an Wettbewerben teilzunehmen.

Im dritten Jahr von Text: van Laak hatte ich nun schon jede Menge Lob und auch Tadel eingefahren. Dass das Lob stets überwog, freute mich, brachte mich aber zum Nachdenken. Wie ernst war die positive Kritik eigentlich zu nehmen? Waren die Kunden begeistert, weil sie keinen Vergleich hatten, sprich: ich der erste Texter war, mit dem sie überhaupt zu tun hatten? Wie war die Konkurrenz eigentlich aufgestellt? Womöglich ackerte ich bescheiden vor mich hin, während in den Sphären großer Agenturen die Texter-Post abging.

Diese Frage beschäftigte mich immer wieder: Wie gut war ich eigentlich? Ich begann, andere Texte aus dem Bereich der Unternehmenskommunikation und Werbung noch viel aufmerksamer als bisher zu lesen und für mich zu bewerten. Manches hätte ich besser gekonnt, vieles aber auch nicht.

Und dann war da noch ein Gedanke: Wenn meine Texte und Ideen so geschätzt wurden, lagen dann nicht vielleicht meine Angebote auf zu niedrigem Preisniveau? Es ist immer gut, zur Preisgestaltung die Empfehlungen des eigenen Branchenverbands heranzuziehen, auch wenn diese nur eine grobe Hausnummer markieren. Jeder Kunde ist anders, und manches Mal sind Angebotspreise diplomatischen Überlegungen geschuldet.

Gerade erlebte ich eine besonders erfolgreiche Phase – und genau das verunsicherte mich. Ich brauchte ein zuverlässiges Gütesiegel, fand ich. Eine Art Zertifizierung, einen Preis, einen gewonnenen Wettbewerb, der allen zeigen würde: Ja, da ist was dran. Das ist amtlich.

Einen ganzen Vormittag widmete ich der Recherche. Wie waren andere Agenturen aus meinem Bereich unterwegs? Ich stellte fest: Die großen Player brüsteten sich mit zahlreichen Awards. Ich war beeindruckt, schaute dann genauer hin und sah, dass unter den sogenannten Awards häufig reine Nominierungen waren, demnach keine gewonnenen Preise. Also nicht einschüchtern lassen.

Auf den Webseiten der Solo-Selbständigen gibt es meist keine eigene Seite für gewonnene Preise und Beteiligungen an Wettbewerben. Woran liegt das? Viele Preise beziehen sich auf ganze Kampagnen, große Webauftritte, komplexe PR-Lösungen usw., also alles Projekte, die in der Regel nur größere Agenturen stemmen können. Wettbewerbe für reine Texterleistungen gibt es – soweit ich weiß – in Deutschland nicht. Texte werden ausschließlich im Rahmen von großen Preisverleihungen wie z.B. dem Multimedia Award, dem iF design award und dem BCP Award (Best of Corporate Publishing) ausgezeichnet.

Nun kam mir zugute, dass ich im vergangenen Jahr in regelmäßigen Abständen in der Schweiz zu tun gehabt hatte. Und dort begegnete ich ihm: dem Swiss Text Award, der einmal jährlich für besondere Texterleistungen in den drei Kategorien Print, Digital und Plakat verliehen wird. Vom Ehrgeiz gepackt, reichte ich in einem lobenswert unbürokratischen Verfahren meine damaligen Lieblingstexte ein: Es waren pfiffige, kurze Sachtexte zu Umweltthemen, die in ein buntes, zielgruppenaffines Webdesign eingebunden waren. Auftraggeber war das Umweltbundesamt, das sein 36-jähriges Bestehen feierte. Die Entscheidung der Jury sollte im September fallen, die Verleihung zwei Wochen später in Zürich stattfinden. Bis zum Abend der Preisverleihung sollte die Entscheidung der Jury geheim bleiben.

Ich war gerade mitten in einem Netzwerktreffen, auf der Bühne referierte eine Betriebswirtschaftlerin über Prozessoptimierung in kleinen und mittelständischen Unternehmen, als mein Handy surrte. Unter den – zu Recht – bösen Blicken meiner Sitznachbarn schlich ich aus dem Veranstaltungsraum und meldete mich hastig.

»Grüezi, hier spricht Urs Veltli von der Schweizer Text-Akademie. Es geht um den Swiss Text Award. Tja, ähm …«

Mir schoss durch den Kopf, dass mir womöglich ein Formfehler bei der Einreichung der Unterlagen unterlaufen war.

Urs Veltli räusperte sich wieder.

»Also, wir äh, wir dürfen ja nicht sagen, wer der Gewinner ist, gell, also, es geht laut Statuten nicht aus, dass, ja, also …«, druckste er herum und machte mich damit erst recht nervös. Ich fing an, mit meiner Schuhspitze das Muster des Teppichbodens nachzuziehen, während ich das Handy an mein Ohr presste. Hinten im Gang des Veranstaltungsgebäudes warf jemand einen dröhnend lauten Staubsauger an. Einige Schritte vor mir schritt ein weiterer Handy-Telefonierer mit großen Schritten den Gang auf und ab.

Im Gegensatz zu mir brüllte er jedoch ins Telefon, dabei hielt er den Ellenbogen waagerecht vom Körper abgespreizt.

Urs Veltli war offensichtlich mit dem, was er mir zu sagen hatte, überfordert. Ich griff vor: »Was genau wollen Sie mir denn mitteilen?«

Das brachte ihn auf den Punkt.

»Sie reisen ja von weit her an. Deswegen sagen wir es Ihnen schon jetzt, dann können Sie den Flug rechtzeitig buchen und bei der Preisverleihung zugegen sein. Sie haben den Swiss Text Award 2010 gewonnen.«

Ich freute mich so sehr, dass ich meinte, man müsse es mir sofort ansehen, als ich in den Vortragssaal zurückkam. Aber niemand bemerkte den für mich so gravierenden Unterschied. Ich hatte den Raum eines Anrufes wegen verlassen und war als Preisträgerin wieder zurückgekehrt. Ich freute mich den ganzen Vormittag lang weiter und wusste, dass meinen Kindern nachher die Verwandlung ihrer Mutter ganz gewiss nicht entgehen würde.

Es war mir egal, ob jemand in Deutschland diesen Schweizer Preis kannte oder nicht. Denn für mich war es das ersehnte Gütesiegel, das von außen, also von neutralem Boden kam und das mir von Experten aus der Werbe- und Kommunikationsbranche verliehen wurde. Der bezaubernde Nebeneffekt meiner erneuten Reise nach Zürich war das Wiedersehen mit meinem Bruder, der sich am Abend der Preisverleihung ins Publikum setzte und mir mit seinem lauten Applaus ordentlich einheizte. Zu später Stunde standen wir im frischen Wind des Frühherbstes wieder auf Daniels Terrasse, den Blick auf die Berge, auf dem Tisch mein Preis, eine kleine Skulptur, eine silbrig schimmernde Texterfeder, auf die das Jahr 2010 graviert worden war.

»Dass wir deshalb mal hier stehen würden. Tss.«

»Schon irre, irgendwie.«

»Mensch, mein Schwesterlein gewinnt 'nen Preis.«

»Schon irre, irgendwie.«

»Hm.«

(Keine Sorge, es gibt auch intellektuell anspruchsvolle Unterhaltungen zwischen meinem Bruder und mir.)

Nun hatte ich in meinem Büro die sichtbare Bestätigung stehen, dass ich gute Texte schreiben konnte. Das gab mir Sicherheit, und allein aus diesem Grund rate ich jedem dazu, der einzelkämpferisch unterwegs ist, ohne tägliches Feedback arbeitet, wie dies in Teams in größeren Arbeitszusammenhängen der Fall ist, sich eine solche Bestätigung, zum Beispiel durch Teilnahme an einem Wettbewerb, einzuholen. Es hilft, die eigenen Leistungen besser zu verorten, sich den Mitbewerbern am Markt zu stellen, sich zu messen mit anderen und dadurch den eigenen Wert kennenzulernen.

Durch einen Artikel war ich auf den UGT, den Unternehmerinnen- und Gründerinnen-Tag des Landes Brandenburg, aufmerksam geworden. Hochkarätige Referentinnen waren angekündigt, und zahlreiche Netzwerkpartner wollten sich auf der Veranstaltung präsentieren. Unternehmerinnen waren aufgerufen, sich mit einem eigenen Stand vorzustellen. Ich ergatterte einen Platz und bastelte an einem pfiffigen Auftritt, als ich von dem Wettbewerb »Unternehmerin des Jahres 2011« erfuhr, der im Rahmen des UGT abgehalten werden sollte. Veranstalter des Wettbewerbs und des mittlerweile zum achten Mal stattfindenden UGT im Frühjahr 2011 war das Ministerium für Arbeit, Soziales, Frauen und Familie des Landes Brandenburg. Die

Wettbewerbsjury war aus dem Minister, Referatsleitern und erfolgreichen Unternehmerinnen zusammengesetzt. Meine Recherche ergab, dass in den letzten Jahren vor allem gestandene Unternehmerinnen aus mittelständischen Betrieben ausgezeichnet worden waren. Ich wusste, dass ich im Grunde keine reelle Chance hatte auf einen der drei Plätze, die im Wettbewerb vergeben werden sollten.

»Bitte, machen Sie mit! Sie haben schon so viel erreicht. Und dann noch mit vier Kindern. Und alles alleine. Machen Sie mit! Und wenn es nur für Sie selbst ist.«

Eine der Mitarbeiterinnen aus dem Ministerium, die mir gerade den Aufteilungsplan der Stände erläutern wollte, brachte den Wettbewerb von sich aus zur Sprache.

»Bei meinen bescheidenen Umsätzen?«

»Es geht nicht um Umsatzzahlen. Es geht um die Leistung als solche.«

»Aber ich habe bisher niemanden angestellt.«

»Aber Sie geben Leuten Arbeit. Darauf kommt es an. Und Sie sind ehrenamtlich engagiert.«

»Was hat das mit dem Wettbewerb zu tun?«

»Wir nehmen nur Unternehmerinnen in die engere Wahl auf, die auch eine soziale Motivation vorweisen. Einfach nur Business kann jeder.«

Jetzt fing ich an, ernsthaft über eine Beteiligung nachzudenken. Persönliches Engagement – damit konnte ich mich sofort identifizieren. Denke ich an den Moment zurück, frage ich mich auch selbstkritisch: Warum diese Vorsicht, diese Verzagtheit, was die anderen Eigenschaften anging, die von Bewerberinnen gefordert wurden? Warum sah ich das, was ich bisher erreicht hatte, nicht direkt als preiswürdig an? War das »typisch Frau«, wie die Agenturchefin Frau Pacholle einst beklagt hatte? Der eigene Erfolgsbegriff, hier war er wieder. Aus Angst zu verlieren lieber erst gar nicht auf die Zielgerade zum Gewinn einbiegen. Fehler.

Die Zeit der Bewerbung war sehr aufschlussreich für mich. Sie zwang mich, mich mit dem unternehmerisch bisher Erreichten auseinanderzusetzen. Ich reflektierte nochmals ausgiebig meinen Vorsatz, vorerst niemanden fest anzustellen. In den Fragen auf dem Bewerbungsformular ging es unter anderem um die Zahl der Arbeitsplätze, die man geschaffen habe. Normalerweise hätte ich hier die Unterlagen frustriert zur Seite gelegt. Durch die Ermutigung der Frau aus dem Ministerium jedoch befragte ich mich zunächst selbst – und musste erkennen, dass es durchaus schlüssige Begründungen für mein Einzelunternehmertum gab.

Ich schien intuitiv das Richtige zu tun. So, wie sich mein Business bisher entwickelt hatte, würde es auch für andere nachvollziehbar sein. Und dann, verdammt, gab es noch einige Herausforderungen mehr, die ich zu bewältigen hatte. Vier Kinder alleine erziehen – das sollte doch auch zählen, oder nicht?

Von zahlreichen Bewerberinnen wurde ich in die engere Auswahl übernommen und erhielt Besuch in meinem Büro von einer der Veranstalterinnen des UGT. Es sollten ein paar Fotos gemacht werden, ein Interview stattfinden und die Gelegenheit zu individuellen Äußerungen gegeben werden, bevor sich die Jury zusammensetzte, um die endgültigen Teilnehmerinnen zu nominieren. Ich war sehr stolz, zu dem auserwählten Kreis zu gehören. Ein paar Tage später erhielt ich die Nachricht, dass ich nominiert sei. Die Freude war sehr groß und beflügelte mich in den Vorbereitungen zu dem Stand, an dem ich meine Agentur präsentieren würde. Alle Aufregung fiel von mir ab, denn ich hatte bereits erreicht, was ich nicht zu hoffen gewagt hatte: Ich stand für kurze Zeit in einer Reihe mit gestandenen Unternehmerinnen, die Betriebe mit bis zu 200 Mitarbeitern leiteten. Das war doch was!

»Mama, was bietest du denn an deinem Stand an?«

»Wie meint ihr das? Doch wohl kaum Eiswaffeln.«

»Manno, nein, was legst du denn da aus?«

»Visitenkarten. Ein paar Unterlagen. Referenzen. Was ich so alles gemacht habe.«

»Ooch, wie langweilig. Was können die denn dann mitnehmen?«

»Die sollen nichts mitnehmen. Die sollen sich mit mir unterhalten.«

Meine Mädchen steckten ihre Köpfe zusammen und flüsterten.

»Wir haben eine Idee. Wir finden, man muss was mitnehmen können«, kündigte Frieda feierlich an.

»Ich höre.«

»Millie und ich denken uns Wörter aus, also Begriffe, die jede Unternehmerin gebrauchen kann. Die stempeln wir auf die Rückseite deiner Visitenkarte. Und dann können die sich eine aussuchen und mitnehmen.«

»Was denn für Begriffe?«

Frieda und Millie neigten nachdenklich ihre Köpfe.

»Na, was ihr Businessfrauen so brauchen könnt.«

»Geld?«

»Ach, Mama, viel zu platt. Nee, eher so was wie Muße, Leibgericht, Sonne.«

»Gummibärchen«, ergänzte Millie.

Der UGT fand an einem blauen Maitag in der Staatskanzlei statt. Überall summte es von Tagungsteilnehmern. Ich hatte auf meinem kleinen Stand eine große, schicke Salatschüssel aufgestellt. Darin befanden sich 500 Visitenkarten mit bestempelten Rückseiten. Ich ermunterte jede Standbesucherin, sich eine Karte zu ziehen.

»Nehmen Sie eine, meine Töchter haben die mit lauter Wörtern bestempelt, die wir Unternehmerinnen gebrauchen können. Ziehen Sie eine, der richtige Begriff wird schon automatisch zu Ihnen finden!«

Die Dame an meinem Stand, um die fünfzig, mit etwas verrutschtem Make-up und Prada-Handtasche, war entzückt. Sie wühlte mit geschlossenen Augen in der Schüssel und zog schließlich eine Karte. Dort stand ein Begriff mit drei Buchstaben. SEX. Die Frau suchte das Weite.

Mit rotem Kopf durchwühlte ich hastig alle Karten auf der Suche nach allerlei kompromittierenden Begriffen, die meine pubertierenden Töchter gestern gestempelt haben konnten. Ich las Stille, Musik, Omm, Zauber, Gesang, Literatur, Erfolg, Freundschaft – alles Mögliche –, jedoch nichts mehr, was ich hätte beanstanden müssen.

Die Salatschüssel war bis auf wenige Karten geleert, als es zum letzten Punkt der Tagung, der Preisverleihung, kam. Plötzlich war ich sehr aufgeregt – obwohl mein Verstand mir einbleute, dass dies ein Wettbewerb war, in dem eine andere Kategorie von Unternehmerinnen, als ich eine war, gewürdigt werden sollte.

Nach mehreren Reden wurden drei Preise vergeben, alle berechtigt, alle an Frauen, die seit Jahren unglaublich viel bewirkt hatten. Zwei von ihnen waren in ausgesprochen männerdominierten Branchen unterwegs, alle drei führten Unternehmen mit zahlreichen Mitarbeitern – der Applaus war groß und herzlich. Ich freute mich für die drei Frauen, die – typisch Frau, sehr zurückhaltend – ihre Preise entgegennahmen und ihrer Freude mit nur wenigen Worten

Ausdruck verleihen wollten. Keine Selbstdarstellung da vorne auf der Bühne, keine Lobhudelei, keine kalkulierte Präsentation, stattdessen Bescheidenheit, Überraschung, Demut. Dabei hätten sie allen Grund gehabt, ihren Stolz zu zeigen. Nach der Preisverleihung wurden alle Nominierten auf die Bühne gebeten. Wir standen dort in dieser großen Gruppe und freuten uns wie die Schneekönige. Jede bekam eine gerahmte Urkunde und schritt nach dem Händedruck mit dem Minister stolz von der Bühne zu ihrem Platz zurück. Ich fühlte mich großartig.

Mir ging auf: Ich hatte mich auch deshalb beworben, um mir selbst und anderen Einzelunternehmerinnen eine Stimme zu geben. Was zählte, war nicht meine eigene Bewerbung, sondern das, was sie vielleicht auszulösen imstande war: die Wahrnehmung für die Solo-Selbständigen zu schärfen, insbesondere für die Frauen, die oft unter schwierigsten Voraussetzungen etwas Eigenständiges auf die Beine stellen, die in ihren Lebensplan ordnend eingreifen, um nicht dauerhaft von staatlichen Leistungen abhängig zu sein. Es ging um Respekt. Respekt für die Leistung dieser Frauen und Mütter, die anpackend zugange waren, die sich nicht unterkriegen ließen. Ja, genau die sollten gehört werden. Die nicht auf Glamour und Tamtam angewiesen waren, sondern die die eigentlichen Leistungsträger unserer Gesellschaft sind, die sich durchbeißen, die unabhängig sein wollen und auch können. Denn sie haben einen langen Atem, sie haben ein Durchhaltevermögen, das sich gewaschen hat – und im Gegensatz zu vielen männlichen Kollegen sind sie weder angeberisch noch wehleidig. Auf einmal wusste ich genau, warum ich hier teilgenommen hatte, und ich war froh. Froh über meine Beteiligung, froh über meine Nominierung.

234

»Mama, wie war's?«

»Hast du den Preis gewonnen?«

»Waren viele Leute da?«

»War das Fernsehen da?«

»Hast du neue Aufträge bekommen?«

Ich erzählte den Kindern alles ausführlich. Beim Gutenachtsagen saß ich an Friedas Bettkante, und sie grinste schelmisch.

»Hihi, eine Karte habe ich mit einem besonderen Wort bestempelt. Würde zu gerne wissen, wer das gezogen hat.«

»Ein Wort mit drei Buchstaben?«

»Genau, hihi. Weißt du, wer das bekommen hat?«

»Ich kann dir nur so viel sagen: Eine der Frauen hat sich schneller als andere von meinem Stand entfernt.«

Frieda kicherte zufrieden und rollte sich in ihre Decke.

»Frieda?«

»Ja, Mama?«

»Kannst du mir bitte das nächste Mal Bescheid sagen, wenn deine hormongesteuerte Kreativität mit dir durchbrennt?«

»Okay. Mach ich. Ähm … Da gab es noch ein anderes Wort.«

»Was???«

»Ja. Das ist auch nicht ohne. Aber ich trau mich nicht, es dir zu sagen.«

Ich scannte kurz im Kopf die Szenarien, die in Frage kamen. Welche Frau rannte jetzt mit meiner Visitenkarte durch die Gegend, auf der höchstwahrscheinlich ein unanständiges Wort stand?

»Frieda! Was für ein Wort?!«

»Mama, ist doch egal. Gute Nacht. Ich muss dringend schlafen. Ich schreib morgen Mathe.«

Ich tapste hinunter in die Küche, wo ich den Wäschekorb mit meinen Standutensilien geparkt hatte, nachdem ich von dem langen Tag nach Hause gekommen war. Ich knöpfte mir die Salatschüssel mit den wenigen übrig gebliebenen Visitenkarten vor. Vorsichtshalber goss ich mir ein Glas Rotwein ein, um dem womöglich schaurigen Fund gewachsen zu sein.

Ich las Pause, Gesang, Tea Time, Eis, Cappuccino, Schokolade und – *Schöne Titten*.

Ich steckte die Karte ein und bewahre sie bis heute in meinem Portemonnaie.

Wieso, *Sie* sind doch der Profi!

Oder warum es manchmal besser ist,
ein Projekt abzubrechen.

Es begann mit einem Ultraschallgerät und endete mit einer Ananas.

Über ein Berliner Netzwerktreffen hatte ich drei Frauen kennengelernt, die alle im Wellnessbereich unterwegs waren. Die eine war Ökotrophologin mit Doktortitel, die zweite eine ehemalige MTA, die jahrelang in einer sportmedizinischen Praxis gearbeitet hatte, die dritte kam aus der Beauty-Branche. Die drei Damen hatten sich just zusammengeschlossen, um gemeinsam in verschiedenen In-Bezirken Berlins kleine Wellnessoasen hochzuziehen, deren Spezialität das Körper-Coaching durch Frau Doktor und die Begleitung der Kundschaft durch ein besonderes Gerät war, das einem – o Wunder – sämtliche Kummer- und Sorgenfalten (und vielleicht auch die Lachfalten?) aus dem Gesicht schallen konnte. Die drei Frauen imponierten mir mit ihrer Energie und ihrer herzhaften Art, die Dinge anzugehen, und wir unterhielten uns eine Weile auf dem Meeting.

»Das mit der Faltengeschichte hab ich noch nicht verstanden«, musste ich irgendwann loswerden.

»Das ist ganz einfach«, redeten alle drei auf einmal auf mich ein, dann einigten sie sich darauf, dass die Beauty-Queen Madeleine Schmidt mir das Gerät noch einmal erklären sollte. Frau Schmidt schien als stilisierte Brünette einem Comic (einem für Männer) entsprungen zu sein. Alles an ihr wirkte künstlich, war jedoch in seiner Unechtheit perfekt zusammenkomponiert, vom toupierten, kupferfarbenen Scheitel bis zur roten Schuhsohle ihrer 14-Zentimeter-Stilettos in Tiger-Optik. Ihr Lachen wirkte trotz der verdächtig voluminösen Lippen herzlich und freundlich.

»Das Gerät erzeugt Ultraschallwellen, die die Hautzellen stimulieren und aktivieren und so der Hautalterung vorbeugen. Das Erscheinungsbild der Haut verbessert sich deutlich. Nach einer einzigen Anwendung haben Sie bereits weniger Falten, wirklich.«

»Aber ich mag meine Falten. So ein Gerät braucht doch nur, wer unbedingt jünger aussehen will.«

Eine Mini-Pause entstand, dann meldete sich Frau Dr. Merkers zu Wort. Auf Figur geschneidertes, mintgrünes Kostüm, dazu dezente Strümpfe und anthrazitfarbene Pumps. Sie war offensichtlich für das Label Seriosität innerhalb des Dreiergespanns verantwortlich. Ich konnte sie mir auf Anhieb gut im weißen Kittel vorstellen.

»Sie tun damit auch etwas für Ihre Zellgesundheit. Das mit dem guten Aussehen ist sozusagen ein angenehmer Nebeneffekt. Sie sollten es mal ausprobieren.«

»Kommen Sie doch bei uns vorbei«, schlug Frau Behrens vor, die ehemalige MTA. Mit ihrer Jeans und dem dunkelblonden Kurzhaarschnitt schien sie die Bodenständige, die Praktische in der Wellness-Combo zu verkörpern.

Ich hatte aber gar keine Lust, meine Falten behandeln zu lassen, auch nicht, wenn es der Gesundheit diente, deswegen winkte ich dankend ab. Wir tauschten alle vier Visitenkarten aus und verabschiedeten uns herzlich voneinander.

Zwei Monate später meldete sich Frau Dr. Merkers bei mir.

»Sie sind doch auf Text spezialisiert. Das geht jetzt richtig los mit unseren Läden, und wir könnten Sie gut gebrauchen. Wann können Sie einmal vorbeikommen?«

Ein paar Tage später betrat ich in Berlin-Mitte die Kommandozentrale der drei Unternehmerinnen. Arbeiter waren dabei, das Ladengeschäft zu entkernen, das Büro lag hinter einem langen Flur zum Hof hinaus. Überall sah es nach Baustelle aus, und es roch nach Zement und Gips und frisch gesägten Holzplatten. Madeleine Schmidt ging vor und entschuldigte sich fortwährend für das Chaos.

»Wieso, ist doch herrlich, wenn man sieht, dass sich etwas verändert«, sagte ich. »Man spürt, dass hier etwas tolles Neues entsteht.«

»Sie haben ja recht, aber der Staub, dieser Staub überall! Seit Wochen geht abends ohne Tiefen-Gesichtsreinigung gar nichts mehr, wirklich.«

Ich hatte noch nie eine Tiefen-Dingsda gemacht, obwohl ich in meinem Leben mindestens vier längere Wohnungsbaustellen und unzählige Sandaufwirbelungen auf diversen Spielplätzen hinter mich gebracht hatte. Während ich meine Augen auf Frau Schmidts geübten High-Heels-Gang in das hintere Büro heftete, schlussfolgerte ich, dass alle meine Poren hoffnungslos zugesetzt waren und meine Hautalterung bereits mit großen Schritten unaufhaltsam voranschritt.

In dem hellen, ganz in Pastelltönen gehaltenen Büro warteten bereits Frau Dr. Merkers und Frau Behrens an einem weiß lackierten Besprechungstisch. Es gab einen leichten, grünen Tee aus zerbrechlichen Schälchen, im Hintergrund erklangen leise asiatische Weisen, wie man sie in Wellnessoasen oder Kosmetikstudios hört und bei denen ich mir nie sicher bin, ob die echten Asiaten nicht heimlich über diese Töne lachen.

Was mir gefiel: Frau Behrens, Frau Merkers und Frau Schmidt legten Wert auf eine angenehme Atmosphäre für unsere Besprechung. Dabei war ich »nur« der Dienstleister. Auch ich sehe zu, dass ich immer eine ansprechende Umgebung für den Kunden und genauso auch für die Lieferanten vorhalte. Jeder bekommt einen Kaffee oder Tee angeboten, ganz egal, ob es der Systemadministrator, der Juniortexter oder mein Stammkunde ist – jeder soll sich in meinen Räumen wohl fühlen. Ich arbeite mit Menschen zusammen – eine Einteilung in wichtig, unwichtig, Kunde oder Dienstleister empfinde ich als hinderlich für eine gute Zusammenarbeit.

»Das Beste ist wohl, wir zeigen Ihnen einmal unser wichtigstes Produkt, an das wir ja auch einen großen Teil unseres Dienstleistungsangebots knüpfen.«

»Sie meinen dieses Faltenwunder-Gerät?«

»Genau. Hier sehen Sie die Standardausführung. Ich schlage vor, wir probieren das einmal auf Ihrer linken Gesichtshälfte aus.«

Das Gerät sah aus wie ein Vibrator, ich dachte sofort an die stimulierten Zellen, von denen die Damen damals gesprochen hatten.

Und ehe ich michs versah, standen die drei um mich herum, Frau Dr. Merkers hielt das ergonomisch geformte Teil mit einem metallenen Kopf in der rechten Hand und näherte sich meinem Gesicht.

»Na gut«, seufzte ich, »aber weh tut es nicht?«

»Nein, nein«, beeilte sich Frau Schmidt, »es fühlt sich angenehm warm an, wirklich, entspannen Sie sich.«

Mit dieser Überrumpelungsaktion hatte ich nicht gerechnet. Frau Dr. Merkers bearbeitete meine Stirnpartie, und ich war mir nicht sicher, ob ich richtig reagiert hatte. Ach, sollen die doch ihren Spaß haben, dachte ich, die wollen mich halt überzeugen, und als gute Texterin muss ich schließlich immer wissen, worüber ich schreibe.

Wenn man als Texter, Grafiker oder auch als Innenarchitekt den Kunden von Grund auf verstehen will, sollte man sich auf dessen Umfeld, dessen Produkte usw. einlassen. Nur so bekommt man das Gespür für die richtige Lösung der Aufgabe. Diesem Leitsatz folgend, bin ich mit Schutzhelm vor der Belegschaft verdutzter Industrieschweißer durch riesige Werkshallen gelaufen, um dem Alleinstellungsmerkmal dieses Industriedienstleisters auf die Spur zu kommen. Ein anderes Mal habe ich zwölf Stunden lang am Stück auf einer wichtigen Branchentagung des Kunden ausgeharrt und dabei viel über die Mitbewerber erfahren. Kürzlich bin ich ohne Wissen meines Auftraggebers inkognito in einer der Filialen seiner Kaufhauskette gewesen, um herauszufinden, ob der Slogan halten würde, was er verspricht (es ging um vorzügliche Bedienung).

Während meine gesammelten Falten bearbeitet wurden und mir die Cuvée der Parfüms der Damen in die Nase stieg, besann ich mich auf diese goldene Kundenregel und hielt still.

»Fertig. Schauen Sie mal in den Spiegel«, strahlte mich Frau Dr. Merkers an. Sie wies auf einen Schminktisch in der Ecke des Raumes. Frau Schmidt und Frau Behrens beugten sich in Vorfreude auf meine Reaktion ein wenig vor.

Soll ich lügen, wenn es doof aussieht?, fragte ich mich auf dem kurzen Weg zum Spiegel.

Tatsächlich, meine linke Gesichtshälfte sah irgendwie anders aus, ausgeschlafener, entspannter. Ein paar Fältchen weniger, in der Tat. Aber welche? Ein paar von den Fältchen um die Augen?

»Na, wie finden Sie den Unterschied?« Frau Dr. Merkers zog ihre fein gezupften Augenbrauen ganz hoch und lächelte mich gespannt an.

»Schön, sehr schön, das sieht tatsächlich glatter, frischer aus. Hätte ich nicht gedacht, muss ich Ihnen ehrlich sagen.«

Die drei Frauen nickten zufrieden, und wir setzten uns wieder an den Tisch.

»Eine Behandlung kostet 39 Euro, das Gerät kann man auch erwerben, es kostet nur 345 Euro, aber natürlich ist es für uns besser, die Kundinnen kommen regelmäßig zur Anwendung in die Läden, so dass wir noch mehr Leistungen verkaufen können.«

»Haben Sie schon einen Namen für diese Dienstleistung? Ultraschall-Faltengerät wird ja nicht gehen.«

»Warum nicht?«

»Es weckt zwei Assoziationen, die nicht positiv besetzt sind: Falten und Ultraschall. In der Kombination ›Ultraschall‹ – Krankheit, Vorsorgeuntersuchungen usw. – und ›Gesichtsfalten‹, also schlaffe, empfindliche Haut, wirkt das eher abschreckend. Sie erinnern sich, ich bin wahrscheinlich nicht die Erste, die vor der ersten Behandlung gefragt hat, ob es weh tut.«

Madeleine Schmidt nickte.

»Stimmt, wirklich, fragen eigentlich alle.«

»Gut, wir sollten also eine andere Bezeichnung finden. Außerdem handelt es sich um ein erklärungsbedürftiges Produkt bzw. Dienstleistung. Da werden wir ohne einen Flyer nicht auskommen.«

»Wozu? Wir erklären den Kundinnen ja alles ausführlich«, warf Frau Behrens ein.

Dieses Erstgespräch in puncto Außenkommunikation war nichts Ungewöhnliches. Es kommt sehr oft vor, dass der Kunde weiß, *dass* etwas geschehen muss, aber selten, *was* genau.

»Wieso, *Sie* sind doch der Profi«, heißt es dann gerne, »das müssen *Sie* mir doch sagen.«

Und ich sage es. Und muss es ausführlich begründen, obwohl ich oft denke, dass es auf der Hand liegt, es so zu machen und nicht anders. Aber ich habe gelernt: Geduld, Geduld. Unsereins beschäftigt sich tagtäglich mit der Wirkung von Text und Grafik auf den Rezipienten – die Auftraggeber jedoch kümmern sich tagtäglich um ihr Kerngeschäft, und da gehören Flyer, Website usw. nicht dazu. Gott sei Dank sind sie immerhin klug genug, sich einen Profi ins Haus zu holen.

Nach zwei Stunden beim Tee am weißen Konferenztisch war der Auftrag in Sack und Tüten: Namensfindung Ultraschall-Faltengerät (Arbeitstitel), Kreation eines Slogans und Flyertexte inklusive grafischer Gestaltung des Flyers. Das Angebot würde ich 24 Stunden später mailen. Wir verabredeten einen Termin in zwei Wochen.

Sobald die S-Bahn in den Tunnel einfuhr, betrachtete ich mein Spiegelbild. Ja, sah frischer aus. Ich drehte meinen Kopf ein wenig, und mir fiel wieder ein, was ich die ganze Zeit über fragen wollte: Was ist eigentlich mit der zweiten

Gesichtshälfte? Nun war ich dazu verdammt, janusköpfig durch die Gegend zu laufen.

Mein Angebot wurde noch am selben Tag unterzeichnet zurückgefaxt, und ich legte los. Ich besprach mich einen Tag später mit meinem Grafiker Gisbert. Ich zeigte ihm stolz meine linke Gesichtshälfte, um die Wirkung des Geräts zu demonstrieren.

»Tut mir leid, ich seh da nichts. Du siehst genauso doof aus wie immer«, frotzelte er.

Gisbert machte sich über den Faltenbeamer lustig – so hatte er das Gerät getauft und meinte allen Ernstes, dass ich genau diesen Namen meinen Kundinnen vorschlagen sollte.

»Beam me up, Scotty«, begrüßte er mich in den darauffolgenden Tagen, wenn wir uns trafen, um Flyerdesign und Logoentwicklung zu besprechen.

»Shut up, Gisbotty«, antwortete ich dann – unsere internen Meetings waren immer sehr lustig.

Weniger lustig wurde der Verlauf der Zusammenarbeit mit Merkers, Behrens und Schmidt.

»Ich hab so ein komisches Gefühl mit dem Text, wirklich.«

»Warte mal, Madeleine, mir hat er aber gut gefallen.«

»Die Überschriften sind gut, aber die Absätze hier, das geht gar nicht.«

»An welcher Stelle sollte er vielleicht anders lauten?«, fragte ich höflich zurück.

»Wieso, ich finde alles in Ordnung so.«

»Schätzchen, wirklich, du hast ja keine Ahnung von so was. Kümmere du dich doch um die Schaufensterdeko, jetzt mal wirklich.«

»Red nicht so mit mir, Madeleine. Ich verstehe sehr wohl was davon.«

Ich versuchte es noch einmal, obwohl ich schon ahnte, dass hier das Problem nicht mein Text als solcher, sondern die Kommunikation der drei Frauen untereinander war.

»Lassen Sie uns Stück für Stück durchgehen, was bleiben könnte und was nicht. So erfahre ich, in welche Richtung das Ganze gehen soll.«

»Wieso?«, blaffte Frau Schmidt mich an. »*Sie* sind die Texterin, das müssen Sie doch selbst wissen. Wirklich.«

Aha, dachte ich, jetzt muss ich erst einmal sortieren, denn hier wurden mehrere Schauplätze aufgemacht. Zunächst die Textkreation selbst: Wie Geschriebenes beim Leser ankommt, ist oft auch Geschmackssache. Das ergeht Grafikdesignern nicht anders, die ein Layout präsentieren, und dann kommen Kommentare wie »Das Blau gefällt mir aber nicht« oder »Irgendwie sieht das so kleinteilig aus« oder »Nee, das erinnert mich an die Küche meiner Schwiegermutter«. Mit Texten ist es oft auch so. Das subjektive Empfinden des Einzelnen steht im Vordergrund. Meist lassen sich die Auftraggeber mit klaren Argumenten von einer bestimmten Tonalität der Worte, von einem passenden Stil überzeugen. Wenn das nicht der Fall ist, hilft es nur, sich anzupassen, wenn man den Kunden halten möchte. Eine befreundete Innenarchitektin hat ein kleines Bad zähneknirschend in einen gold- und kupferglänzenden Alptraum verwandelt, weil es der Kunde so wollte. Dabei hätten helle Farben, klar definierte Keramik und schlichte Armaturen das Bad optisch vergrößert und frischer erscheinen lassen. Aber über Geschmack lässt sich eben nicht streiten.

Der zweite Schauplatz, der sich mir hier auftat, war die Uneinigkeit der Frauen untereinander. Es ist für einen Dienstleister immer besser, einen einzigen Ansprechpartner zu haben, der in dem entsprechenden Projekt den Hut aufhat. Intern hätten sich die drei am besten erst über die Texte abstimmen sollen, bevor sie mich um eine andere Fassung baten. Die Beziehung der Frauen Merkers, Behrens und Schmidt untereinander schien mir jedoch sehr verworren, jede hatte zudem ein ganz anderes Gefühl für Stil und Geschmack, so dass ich mir kurzfristig keine tragfähige Entscheidung erhoffen konnte.

Ich erstellte eine zweite Fassung, die Frau Behrens sehr gut gefiel, nicht aber den beiden anderen. Ich versuchte herauszufinden, in welche Richtung die beiden anderen dachten, aber offensichtlich waren die drei Frauen längst dabei, sich miteinander zu zerstreiten. Das war eine echte Herausforderung. Gelobt seien die pflichtbewussten Ansprechpartner, die alle Meinungen gebündelt wiedergeben und dafür sorgen, dass kein Salat aus zig Text- oder Layoutfassungen entsteht. Eine solche Verbindungsperson gab es hier aber nicht. Ich beschloss, selbst einen V-Mann einzuschleusen: Gisbert.

»Wehe, dir rutscht unsere interne Bezeichnung für das Gerät raus«, warnte ich Gisbert auf dem Weg zu den Kundinnen.

»Faltenbeamer? Du meinst Faltenbeamer? Wie kommst du eigentlich auf Faltenbeamer? Faltenbeamer ist doch ein tolles Wort, ich meine, Faltenbea–«

»Halt die Klappe!«

Meine Kundinnen beäugten Gisbert neugierig. Er hatte drei Layout-Entwürfe mitgebracht und präsentierte sie flott und mit humorvollem Unterton. Er brachte die drei schnell zum Lachen, und es entspann sich ein munteres Gespräch zwischen den vieren. Ich konnte mich zurücklehnen und alles in Ruhe mitverfolgen, denn über mich sprachen sie nur in der dritten Person.

»Dann habe ich aber gedacht, das könnte sie wirklich anders schreiben.«

»Ja, Madeleine hat recht, sie könnte eine Überschrift machen, die hier genau in Ihren Entwurf reinpasst.«

»Meinen Sie diesen hier?«, fragte Gisbert und hielt die Fassung hoch, in der er mit viel Weißraum und der Farbe Rosa gearbeitet hatte.

»Ja, genau, und dann noch vielleicht etwas aus diesem Entwurf dazu, da kann sie ja dann einen kleinen Text dazu machen?«

»Vermischen kann man die Layouts allerdings nicht«, wandte Gisbert ein.

»Wieso nicht? Ich mag Grün. Nur Rosa ist mir zu langweilig.«

»Nee, ich find das gut, nur mit Rosa und Weiß, wirklich.«

»Ach, Madeleine, mach mal 'nen Punkt. Wir wollen Grün mit drin haben.«

Und Gisbert konnte gar nicht schnell genug gucken, da lagen sich die drei wieder in ihren mehr oder weniger toupierten Haaren. Schade, meine Rechnung war nicht aufgegangen. Ich hatte gehofft, Gisbert als männlichen Schutzschild einsetzen zu können.

»Die haben doch alle drei einen an der Waffel.«

Gisbert fixierte auf der Rückfahrt mit der S-Bahn irgendeinen Punkt da draußen in der Landschaft.

»Petra, das läuft nicht. Ich bin raus. Ich kenn so was. Das zieht sich jetzt vier Monate hin, am Ende sind wir alle wütend aufeinander, und heraus kommt ein Mischmasch, den keiner mag. Und bei dem ich mich schämen würde, ihn als Referenz auf meine Website zu stellen.«

»Quatsch, das kriegen wir hin. Wir müssen die drei mehr an die Hand nehmen. Wir müssen bestimmte Layouts und Headlines setzen. Basta.«

»Träum weiter. Nee, ich steig aus. Ich berechne dir nichts für die Entwürfe. Nichts für ungut.«

Und Gisbert verfiel zufrieden in eines seiner Blitzschläfchen, den Kopf an die Scheibe des Waggons gelehnt, die langen Beine ausgestreckt. Er hatte einen inneren Frieden, dass man neidisch werden konnte.

In mir war nur Unfrieden. Gisbert hatte gut reden. Er konnte lässig aus einem Projekt aussteigen, klar, er hatte sich nur um sich selbst zu kümmern und würde bei geringerem Geldeingang auf dem Konto ein paar Wochen bescheidener leben, wenn das überhaupt nötig war. Ich dagegen hatte immer die finanzielle Verantwortung für weitere vier Personen, und das lastete auf mir und beeinflusste selbstverständlich meine Entscheidungen. Ein Projekt einfach so kippen? Da ging mir ein Monatslohn durch die Lappen. Das konnte unter Umständen bedeuten, dass der Kauf der Winterschuhe, die komplizierte Reparatur eines Fahrrades oder der geplante Wochenendausflug verschoben werden mussten. Außerdem nagte es an meiner Unternehmer-Ehre, so schnell aufzugeben. Für mich gab es damals in der Situation nur eines: weitermachen. Fehler.

Um meinen Rat für solche Situationen auf einen Punkt zu bringen: aufs Bauchgefühl hören. Schräge Kunden und undurchsichtige Projekte gibt es viele, das ist kein Grund, schnell die Flinte ins Korn zu werfen. Wenn jedoch die eigene Intuition sich mit einem Signalton meldet, dann sollte man darauf hören. In meinem Falle hätte ich zum Beispiel das Projekt an dem Punkt unterbrechen (unterbrechen, nicht abbrechen) können, als deutlich wurde, wie uneins sich die drei Auftraggeberinnen waren. Wenn das weitere Prozedere geklärt gewesen wäre (wer meine Ansprechpartnerin ist und wer letztendlich bestimmt, wie der Text und das Layout auszusehen haben), hätte ich den Faden wieder aufnehmen können. Dadurch hätte ich allen Seiten (dem Kunden, mir selbst als Auftragnehmer und den von mir beauftragten Freelancern) ungemütliche Wochen ersparen können.

Manchmal zeichnet es sich nicht von vorneherein ab, dass der Kunde, um mit Gisbert zu sprechen, »einen an der Waffel hat«. (Im Übrigen bin ich mir ziemlich sicher, dass der Kunde in solchen Fällen andersherum behaupten würde, dass *wir* einen an der Waffel haben.) Alles wirkt noch gut und normal, man steckt schon mitten im Auftrag, und dann stellt sich alles als ein großes Problem heraus. Es ist viel unkomplizierter, wenn gleich zu Anfang deutlich wird, woran man ist.

Mit Gisbert habe ich einmal einen Kunden besucht, der Drucker und Faxgeräte vertreibt. Das Unternehmerpaar bat uns, in die Firmenzentrale zu kommen. Gisbert und ich machten uns nichtsahnend auf den Weg und fanden uns eine Stunde später am Stadtrand von Berlin auf einem durchgesessenen Sofa in einer unordentlichen Privatwohnung wieder, um uns herum sprangen zwei riesige, haarende Hunde, deren Gebell die zulässige Schallschutzgrenze deutlich überschritt. Das Auftraggeberpaar saß uns gegenüber, schlürfte Kaffee aus Tontöpfen, die mit einer verkrusteten, klebrigen Schicht von Kondensmilchtropfen überzogen waren. Der Blick in den Raum offenbarte ein Gewirr aus Zimmerpflanzen, irgendwo im Hintergrund stand die Tür zum Badezimmer offen, so dass ich den zerrupften Frotteebademantel des Hausherrn und das Katzenklo sehen konnte. Die Katze hopste wenig später auf Gisberts Schoß und hinterließ ein Nest weißer, dünner Haare auf seiner schwarzen Jeans. Das Gekläffe der Hunde war nach wie vor so laut, dass ein Gespräch nur in abgehackten Drei-Wort-Sätzen möglich war. Gisbert und ich schauten uns an, standen mit der traumwandlerischen Eleganz von Synchronschwimmern gleichzeitig auf, verabschiedeten uns höflich und ließen das verdutzte Kundenpärchen in ihrem Firmensitz zurück. Auf dem Weg zurück ins Büro lachten wir Tränen.

Es gehört Souveränität dazu, sich so zu verhalten. Die Souveränität kommt mit der Zeit, mit der Erfahrung. In diesem Fall war es naheliegend, das Projekt abzubrechen, denn die Schrägheiten lagen auf der Hand. Um uns über das Hundegebell hinweg verständigen zu können, hätten wir mindestens die Hürde der Gebärdensprache nehmen müssen.

Gisbert war also draußen. Es erleichterte mich, dass er für seine Entwürfe nichts haben wollte, andererseits hatten wir beide schon einige Projekte gemeinsam erfolgreich hinter uns gebracht, und mal investierte der eine mehr, mal der andere. Langfristige Formen der Zusammenarbeit mit anderen Einzelunternehmern sind ein nicht zu unterschätzender Wert.

Aus dem Pool meiner Freelancer suchte ich eine junge Grafikerin aus, die zum Glück auch Zeit hatte, um kurzfristig in den laufenden Prozess einzusteigen. Sie war allerdings zu schüchtern, um sie als Mittlerin in der verfahrenen Kommunikationssituation mit den drei Frauen einzusetzen. Also fungierte ich selbst wieder als Puffer und redete mit Engelszungen auf meine Kundinnen ein, bis wir uns auf ein Layout und die wichtigsten Texte einigen konnten. Dieses Projekt würde ich jedoch nicht auf meine Website als Arbeitsprobe einstellen – dazu stand ich persönlich viel zu wenig hinter dem Ergebnis.

Wenige Tage vor dem Termin in der Druckerei für die Produktion der Flyer und einer kleinen Imagebroschüre erbat ich von meinen Kundinnen die offizielle Druckfreigabe.

»Ich hab's im Urin«, sagte meine Oma gerne, wenn sie Unvermeidliches kommen sah. Und es kam.

»Wir hätten dann doch lieber das Blau anstelle von dem komischen Grün.«

»Finden Sie nicht auch, dass diese eine Zeile da hinten merkwürdig klingt? Können Sie das noch mal umformulieren, bitte?«

»Ist schließlich noch ein bisschen Zeit, das kann man doch noch mal ändern, wirklich.«

»Jetzt reicht's«, sagte ich mir und fuhr ohne Vorankündigung in die Hauptfiliale, die sich mittlerweile von einer Baustelle in ein spaciges Studio verwandelt hatte. Ich hatte genug von der Gängelei. Von den drei Frauen war nur Madeleine Schmidt zugegen, die ich auf den ersten Blick nicht erkannte. Ihr Gesicht war aufgedunsen, die Augen wirkten schräg in das gerötete Gesicht eingesetzt. Die Lippen waren geschwollen. Ich zwang mich, sie nicht allzu auffällig anzustarren, und konzentrierte mich auf ihre Augen, die etwas tränten. Frau Schmidts Mimik verriet wenig, aber sie tat mir irgendwie leid. Daher fiel mein Vorstoß, keine weiteren Änderungen mehr akzeptieren zu wollen, schwächer aus als geplant. Die Begegnung blieb kurz, das Gespräch unter vier Augen hatte nichts gebracht, nur Frau Schmidts Satz hallte noch nach: »Amüsieren Sie uns nicht mit diesen Einzelheiten, wirklich.«

Zu Hause erzählte ich es abends den Kindern. Einhellige Meinung: Ich sollte das Ganze abbrechen.

»Ehrlich? So kurz vor Schluss? Seid ihr sicher?«

»Du hast jetzt schon zwei Wochen lang schlechte Laune wegen dieser Tanten da. Mach Schluss.«

»Kaufen wir den Fernseher eben erst später, Mama. Ist doch egal, wirklich.«

Ich zuckte zusammen.

»Wirklich?«, fragte ich. »Hast du gerade wirklich gesagt?«

»Ja, Mama, der Fernseher kann warten, wirklich.«

Jetzt litt ich schon unter Verfolgungswahn, wirklich.

Ich hatte nicht mehr die Kraft, nach Berlin-Mitte zu fahren, die Casting-Allee entlangzulaufen, den Blick gesenkt wegen der Hundehaufen oder – noch schlimmer – der arrogant bis weit auf den Bürgersteig ausgestreckten langen Beine der selbst ernannten Literaten, Filmschaffenden und anderen Künstler, die Stunde um Stunde in den Straßencafés vergammelten, während unsereins sich abschuftete, um die Zöglinge zu Hause zu ernähren. (Ich war ungerecht, ich weiß. Ich hätte ja selber zu gerne Mélange schlürfend in Caféhäusern gesessen, damit sich meine kreativen Gedanken zu diversen Vorhaben in Ruhe hätten entfalten können.)

Anstelle einer erneuten Fahrt nach Berlin schrieb ich eine wohldurchdachte Mail, in der ich erklärte, dass ich das Projekt abbrach und warum. Als Zeichen meines guten Willens verzichtete ich auf die Entlohnung meiner bisherigen Arbeit und bot sogar an, dass sie meine bisherigen Textkreationen lizenzfrei verwenden dürften. Ich las alles noch einmal durch. Die Erleichterung, die in mir aufstieg, fühlte sich großartig an. Was ich nicht tat, war, der E-Mail eine Bitte um Bestätigung beizufügen, dass diese Vorgehensweise auch in ihrem Sinne sei. Fehler.

Das Nachspiel, das nun unweigerlich folgte, konnte mir dennoch die Freude über die neu gewonnene Freiheit nicht verderben. Behrens, Merkers und Schmidt kamen mir mit Gewährleistungspflicht. Ein Anruf bei Tenny DeVito, eine kurze Einschätzung der juristischen Lage, und alles Weitere glitt an mir ab wie Madeleine Schmidts Reinigungsschaum an der Wange der Kosmetikkundinnen. In einem Punkt war Tennershagen allerdings mit mir nicht einverstanden.

»Sie hätten nicht auf das Honorar verzichten sollen«, ermahnte er mich. »Nächstes Mal fragen Sie mich, bevor Sie im Affekt eine solche E-Mail schreiben.«

»Das war nicht im Affekt. Das war wohlüberlegt. Ich wollte da raus. Aber Sie finden das bestimmt feige?«

»Das war nicht durchdacht. Sie haben Leistung erbracht, und die muss auch bezahlt werden. Dass Sie ausgestiegen sind, war nicht feige, aber dass Sie auf die Bezahlung verzichtet haben, *das* war feige. Sie müssen die Gefühle weglassen, sonst wird das nichts.«

Einen Augenblick lang zog ich in Erwägung, ob ich meinen blonden DeVito noch gernhaben wollte. Gefühle weglassen! Was sollte das denn?!

»*Was soll das denn*?, fragen Sie sich jetzt bestimmt, habe ich recht?«, fing mein Anwalt wieder an. »Da sind Sie nicht die Erste. Ich sag's halt. Ist mir schon oft vorgekommen, gerade bei Frauen, klingt zwar klischeehaft, aber sei's drum. Cool kommt eben weiter. Ach, was erzähl ich da, dafür legt ihr viel weniger Pleiten hin.«

Mit beiden Aspekten hatte Tennershagen ja nicht unrecht, und ich verzieh ihm sofort seinen ungefragten Ratschlag. Doch, ich mochte ihn gern, und diese gradlinigen Aussagen waren mir doch tausendmal lieber als das Kommunikationsgewurschtel.

Ob Behrens, Merkers, Schmidt meine Texte und Layouts schlussendlich verwendet haben, weiß ich nicht. Nach einem ruhigen, durchaus freundlichen Abschiedsgespräch war es erst einmal eine ganze Weile still um sie. Ich musste noch meine junge Grafikerin, die die Layouts nach Gisbert geliefert hatte, bezahlen, so dass ich mit Verlusten aus der Sache hervorging. Dennoch: Die Erleichterung überwog, und für mich war alles zu einem guten Abschluss gekommen.

Kurz darauf war ich mit Millie auf einem bunten Wochenmarkt in Pankow. Wir hatten einen Arzttermin in der Hauptstadt wahrgenommen und wollten noch ein wenig zwischen den Ständen herumschlendern. Millie zeigte auf eine Frau, die einer brünetten Dolly Buster nicht unähnlich war. Au weia. Das war Madeleine Schmidt mit dem verunglückten Gesicht. Ich duckte mich weg, ich hatte keine Lust auf eine Begegnung.

»Ist das die doofe Kuh, die deine Texte daneben fand?«

»Psst, Millie, nicht so laut. Los, stell dich vor mich, ich muss mich klein machen.«

»Und die immer *wirklich* gesagt hat und dich mit den anderen beiden Tussen immer so geärgert hat?«, fragte Millie in einem noch schrilleren Ton.

Ich peilte meine Umgebung nach einem guten Fluchtweg ab. Ich könnte jetzt mit einem großen Ausfallschritt hinter die Würstchenbude treten, dann hinten am Stromverteilerkasten vorbei Richtung U-Bahn-Eingang, das wäre eine Möglichkeit.

»Die sieht auch noch so bescheuert aus«, kriegte meine Tochter sich nicht mehr ein. Und dann ging Millie los.

Ich kauerte an den untersten Stufen des U-Bahn-Eingangs und versuchte, einen Blick auf Millie zu erhaschen, die mitten im bunten Markttreiben in Richtung Frau Schmidt abgezischt war. Ich nahm mir fest vor, mich nicht für mein Kind zu schämen, egal, was dieses jetzt vorhaben mochte. Wenn sie in fünf Minuten immer noch nicht nachgekommen war, würde ich aus meinem Loch herausmüssen und sie suchen.

Da kam meine Tochter die Treppe zur U-Bahn herunter, im linken Arm hielt sie etwas Großes, ich sah nicht genau, was, das Sonnenlicht blendete mich.

»So, wir können fahren, Mama«, stellte Millie zufrieden fest.

Sie hatte eine riesige, reife und köstlich duftende Ananas unter ihren Arm gepackt.

»Wo hast du die denn erstanden?«, fragte ich verdutzt.

»Ich habe einen Ausgleich vorgenommen«, entgegnete Millie würdevoll, »die Ananas gehörte bis vor kurzem dieser Tussi.«

»Was hat denn Frau Schmidt dazu gesagt?«

»Sie weiß es noch nicht. Aber sie hat mir die Frucht in ihrem Einkaufskorb quasi dargeboten, während sie mit dem Bäcker geredet hat, da hab ich zugegriffen.«

»Du hast die *geklaut*?«

»Nein, das ist dein Schmerzensgeld, Mama.«

Mit größtem Vergnügen schlachteten wir alle am Abend die Ananas, die ganze Küche war von dem süßen, tropischen Duft erfüllt.

»Das ist mal ein richtig leckerer Nachtisch«, sagte Till, dann zwinkerte er mit den Augen und fügte noch hinzu: »*Wirklich.*«

Was machst du eigentlich genau?

Oder was Kinder vom Business
wissen sollten.

D a rackert man sich ab, um noch dickere Aufträge an
Land zu ziehen, um bei einer komplizierten Aus-
schreibung als Sieger hervorzugehen, um den besten Slogan abzuliefern – und zu Hause weiß das keiner so richtig
zu würdigen.

Gewiss, das hat auch mit der *Sichtbarkeit* der Leistung zu
tun. Ein gelungener Artikel in einem Mitarbeitermagazin
ist für Kinder weniger greifbar als die große Deckenleuchte,
die ein Lichtdesigner in seiner Werkstatt gebaut hat. Wichtig ist daher, dass man über seine Arbeit redet, den Kindern, und seien sie noch so klein, klarmacht, worauf man
so viel Zeit und Energie verwendet. Nicht immer kommt
das bei den Kleinen richtig an. So behauptete damals Millies fünfjährige Freundin, ihr Papa sei Fliesenleger (er war
Verleger), Till erzählte einmal, dass die Mama seines Kum-
pels irgendwas beim Wachschutz machen würde. Es stellte
sich heraus, dass sie einen Hutladen führte, der den Namen
»Gut behütet« trug. Nicht aufgeben und immer wieder er-

klären, auch wenn die berufliche Tätigkeit für Kinder zu abstrakt zu sein scheint. Es lohnt sich, denn die Kooperationsbereitschaft steigt, je mehr die Familie über die Arbeit Bescheid weiß.

Das gilt auch für die Finanzen. Ein schamhaftes Verschweigen, wie es so im Unternehmen finanztechnisch läuft, ist fehl am Platze. Die Lieben zu Hause haben Transparenz nicht nur verdient, sondern müssen sie auch aushalten lernen. Wie sollen die Kinder sonst wissen, wie Business funktioniert? Wie sollen sie nachvollziehen können, dass jeder einzelne Euro sauer verdient ist? Dass man nicht mal eben die Markenturnschuhe kaufen kann, die angeblich alle anderen in der Klasse bereits seit Monaten besitzen.

Ich erzählte den Kindern von einem neuen Auftrag und wie viel er einbringen würde.

»Das ist ja irre viel.«

»So viel ist das gar nicht.«

»Also ich hätte das gerne als Taschengeld.«

»Ich hätte das selber gerne als Taschengeld, lieber Sohn.«

»Wieso, du hast doch das Geld, Mama.«

»Nee, ihr glaubt ja nicht, was davon alles runtergeht.«

»Hä? Runtergeht? Verstehe ich nicht.«

Und so malte ich geduldig eine Art primitives Schema auf, das in die Geheimnisse der Einnahmen-Überschuss-Rechnung einführte. Ich lüftete den Schleier, der über dem Wort *Umsatzsteuer* lag, legte die monatlichen Fixkosten dar und nahm am Ende die Einkommenssteuervorauszahlung noch mit hinzu. Das Schema war zwar nicht sehr ordentlich gezeichnet, aber man hätte es glatt für ein Existenzgründerseminar verwenden können, und alle hätten gleich Bescheid gewusst.

»Das ist ja total doof. Da bleibt ja so wenig über.«

»Ja, bringt denn das überhaupt was?«

»Müssen die anderen auch so viel abgeben?«

»Kannst du denn noch immer alles bezahlen?«

»Können wir in den Urlaub fahren?«

Ich beruhigte die Kinder. Aber sie sahen ein, dass die Forderung nach »mal eben 50 Euro für die tolle Jeans« das Vorhandensein hart verdienter Kröten voraussetzte. Jonas machte sich sogar die Arbeit und rechnete um, wie viele Stunden Mom arbeiten musste, damit Millie ihre neue Winterjacke bekam.

Um den Kindern den Umgang mit Geld, das Verwalten von Einkünften nahezubringen, richtete ich jedem Kind ein eigenes Konto ein, sobald es in der siebten Schulklasse war. Von nun an überwies ich das Taschengeld monatlich, und die Umstellung vom wöchentlichen Betrag, der bar in die Kinderhand gezahlt wurde, zum abstrakten Geldverkehr war bei jedem Kind zunächst gewaltig. Mit der Bankkarte holten sie Kontoauszüge und lernten das ordentliche Abheften in einen Bankordner – eine Tätigkeit, die manch Erwachsener lange nicht so gewissenhaft durchführt wie meine Kinder. (»Und manche Erwachsene lernen es nie«, würde Frau Sander jetzt ergänzen.) Ich beschränkte den Betrag, den ein Kind monatlich von seinem Konto auf einmal abheben konnte, auf 20 Euro. Für höhere Geldmengen war meine Unterschrift erforderlich.

Mit 15 Jahren war die Zeit des Taschengelds vorbei, und es wurde ein Budget eingerichtet. Dies war ein hart ausgehandelter, höherer Betrag, von dem der Heranwachsende seine Ausgaben bestreiten musste. Dazu gehörten Schulmaterial, Kleidung, Fahrtkosten, Kosmetik, Geschenke, alles, bis auf Schulbücher, Klassenfahrten und Fahrradreparaturen. Um eine angemessene Höhe des Budgets festlegen zu können, musste jedes Kind zunächst zwei Monate lang Buch führen über seine Ausgaben.

»Ha, da kann ich ja schummeln und viel mehr aufschreiben!«, freute sich Till, als er seinen 15. Geburtstag feierte.

»Nee, nützt nichts. Besser, du schreibst auf, wie es ist. Mama hat ja den Vergleich mit uns«, warnte Frieda ihren jüngeren Bruder.

Wichtig ist, dass man nichts positiv oder negativ bewertet, was sich am Ende der Aufzeichnungen herausstellt. Jedes Kind sollte selbst entscheiden, für was es Geld ausgab oder nicht. So lag bei Jonas ein Schwerpunkt bei Ausgaben für Essen zwischendurch, bei Frieda für Bekleidung, bei Till für Kinokarten. Die Jugendlichen lernten von selbst mit der Zeit, ihr monatliches Budget einzuteilen. Mal gab es magere Zeiten, wenn die fesche, aber teure Winterjacke gekauft worden war, mal fettere Zeiten, wenn man sich jede Ausgabe verkniffen hatte und sich nun wie König Midas fühlte. Der für mich wichtigste Nebeneffekt: Für die Kinder wurde es immer besser nachvollziehbar, wie ich als Unternehmerin mit meinem Firmenbudget kämpfte und haushaltete.

Wir sind weit entfernt von Perfektionismus. Es gibt auch Versäumnisse, Dinge, die meine Kinder nicht draufhaben, weil ich es verpasst habe, es ihnen beizubringen. Wie sich kürzlich erst herausstellte, wusste Frieda nicht, wie man eine Glühbirne auswechselt. Till kann (und will) keine Fahrradreifen reparieren. Es ist mir schlicht durchgerutscht. Und oft genug hatte ich keine Kraft, meinen Kindern auch noch solche Sachen beizubringen. Dafür können alle Kinder Klos putzen. Auch nicht schlecht.

Weil die Kinder darüber Bescheid wussten, welche Herausforderungen die Arbeit für mich bereithielt, verstanden sie besser, warum ich ihnen mehr zumutete – und sie wussten es zu schätzen, dass ich in mancherlei Hinsicht großzügiger war als andere Eltern.

Ich ließ die Kinder zum Beispiel alleine kochen, auch mit Freunden. Dann wurden die MP3-Player an die Anlage gestöpselt und es wurde laut Musik gehört.

»Dies ist die einzige Familie, die ich kenne, in der beim Kochen getanzt wird«, meinte ein Freund von Jonas einmal. Das war ein dickes Kompliment.

Kurz vor Jonas' und Friedas Abitur fuhr ich für zehn Tage in den Urlaub und überließ die Wohnung den beiden samt einer nicht weiter definierten Anzahl von Freunden, die dort eine Lern-WG installierten und sich gegenseitig halfen, den Stoff für die Leistungskurse zu erarbeiten. Die jungen Leute hatten einen Heidenspaß, gleichzeitig arbeiteten sie intensiv, und meine Tochter mailte mir ein Foto von einem riesigen Arbeitsplan, der an der Küchenwand klebte. Dort war der Tag in vier Lerneinheiten aufgeteilt, es war genau festgelegt, wer wann zu kochen hatte, wann man wo abends auf welche Party ging und wann Wissen abgefragt wurde. Ich hätte es nicht besser hinbekommen. Wenn ich anderen davon erzählte, dass sich gerade mehrere Abiturienten in meiner Wohnung ohne weitere Aufsicht tummelten, sah ich förmlich das Grauen in den Gesichtern. Ich wusste aber, dass auf meine Kinder Verlass war. Sogar das kollektive Aufstehen hatten die jungen Leute geregelt: Jonas ließ sich morgens von seinem Handy wecken. Er hatte auf höchste Lautstärke gestellt und einen Ton gewählt, der wie der Alarm auf einem alten, rostigen russischen Atom-U-Boot klang. Weiterschlafen war kaum möglich.

Den Kindern war auch klar, dass der Erfolg meiner Agentur von mir allein abhing. Ich hatte keinen Partner im Business, ich war und bin Einzelunternehmerin. Auf meinen Pool an kreativen Freelancern kann ich mich zwar absolut verlassen, aber wehe, ich würde einmal länger ausfallen. Deshalb war es den Kindern bewusst, dass sie mir den Rücken freihalten mussten.

Eines Morgens, die Kinder saßen gerade beim Frühstück, bückte ich mich, um nach meiner Aktentasche zu greifen. Ich schrie auf vor Schmerz, es war, als ob jemand einen Dolch in meine Lendenwirbel bohren würde – ein Hexenschuss streckte mich auf den Küchenfußboden nieder. Ich konnte mich keinen Zentimeter bewegen. Die vier ließen alles stehen und liegen und traten in Aktion. »Bist du transportfähig?«, fragte mich Jonas.

Er bekam von mir einen Blick aus blutunterlaufenen Augen, der jede weitere Frage überflüssig machte. Jonas und Till holten aus Tills Bett die Matratze in die Küche und versuchten, mich sachte auf die Unterlage zu befördern. Ich jaulte und wimmerte. Millie hielt sich die Ohren zu. Frieda rief meine Freundin an, eine Orthopädin, die ihr Instruktionen erteilte, wie ich zu lagern sei und welche Medikamente ich benötigte. Jonas sagte meinen Kundentermin für mich ab und gab sich dabei als studentischer Agenturpraktikant aus, denn es sollte professionell wirken. Millie kochte einen Tee und stellte ihn mir neben die Matratze. Alle mussten aus dem Haus zur Schule, aber ich beurlaubte Frieda für die erste Stunde, damit sie für mich zur Apotheke fahren konnte. Millie hockte sich noch einmal kurz neben mich.

»Ich komme ganz schnell aus der Schule nach Hause. Halte durch!«

Frieda brachte das heiß ersehnte Schmerzmittel und überwachte die korrekte Einnahme. Sie sah sorgenvoll auf mich herunter, wie ich da starr in der Küche lag.

»Hm. Ich glaub, es fehlt noch was, Mama. Warte.«

Sie verschwand kurz im Bad und kam mit einer kleinen Wanne wieder.

»Falls du pullern musst. Ja … ähm. Bis nachher.«

Schon am darauffolgenden Tag konnte ich wieder das Büro aufsuchen, allerdings wurde ich auf dem kurzen Weg dorthin von Jonas und Till gestützt. Das gab mir einen Vorgeschmack auf mein Alter. Aber später würde sich dann sicher die Anschaffung eines Rollators lohnen.

Der Hexenschuss war das einzige Malheur, das mir in diesem Jahr passierte. Die Entwicklung des Umsatzes war erfreulich gewesen, und ich malte den Kindern eine beeindruckende Kurve auf, um ihnen den Verlauf der Einnahmen zu demonstrieren. Ich beschloss, mich zu belohnen und auch nach außen zu kommunizieren, dass sich die Agentur gemausert hatte. Ich zog aus dem Gründerzentrum aus in neue Büroräume, die größer und schöner waren und zudem zentral lagen. Von nun an konnte ich von unserer Wohnung zu Fuß zur Arbeit gehen. Die Nähe meines Büros wirkte sich positiv auf das gesamte Familienmanagement aus. Nach der Schule kamen eins oder mehrere Kinder öfter bei mir im Büro vorbei, und es entstand ein neues Ritual: Tee trinken bei Mama im Büro, dazu Schokolade oder Plätzchen essen und vom Schultag erzählen. Was hatte (und habe) ich für ein prächtiges Leben als Selbständige!

Toleranz – ich kann's.

Oder das Geheimnis, zu leben
und leben zu lassen.

In dem Moment, da alles seinen richtigen Platz gefunden hat, da Ruhe einkehrt, bringt einem irgendetwas die ganze schöne Ordnung wieder durcheinander.

Der Büroumzug lag hinter mir. Ich residierte nun auf herrlichen fünfzig Quadratmetern, mit Ausblick auf einen gepflasterten Platz mit barocken Häuserfassaden, umsäumt von Lindenbäumen, darüber der weite Himmel. Mein Büro war sparsam, aber schön eingerichtet. Es gab einen alten Holztisch mit zahlreichen Bearbeitungsspuren, der früher einmal im Kunstraum einer Schule stand. Ich hatte schlichte Holzstühle mit bequemen Sitzschalen dazugekauft und damit eine vorzeigbare Besprechungssituation eingerichtet. Ich servierte meinen Kunden, Mitarbeitern oder Kollegen an diesem Tisch, der eine Geschichte erzählte, Tee oder Kaffee, hier konnte man sich nun endlich mit Unterlagen ausbreiten und ungestört alles bereden.

Meinen Ikea-Schreibtisch aus den Anfängen meiner Existenzgründung hatte ich immer noch, ich fand ihn ehrlich und stimmig, und mit einem Designklassiker als Beleuchtung sah alles fesch aus. Meine Projektordner steckten seit dem Büroumzug in ordentlichen Regalen, und meine Angewohnheit, für jedes Projekt rein assoziativ zu sammeln, um mich dem jeweiligen Thema inhaltlich anzunähern, konnte ich auf den Wänden meines neuen Büros ausleben. Lautet ein Auftrag etwa »Titelfindung für eine internationale Konferenz zum Thema Bildung«, dann klebe ich riesige Papierbahnen mit Malerkrepp an die Wand und schreibe mit dicken Spezialstiften alles darauf, was mir zum Thema Bildung einfällt. Im Laufe der Tage kommen dann Zeitungsartikel hinzu (etwa eine Infografik aus der ZEIT), die neben Postkarten (zum Beispiel die gemischte Klasse einer westafrikanischen Dorfschule) geklebt werden. Ich sitze dann am Schreibtisch, betrachte meine Collagen und kann jederzeit aufspringen und etwas hinzufügen, wenn sich ein neuer Gedanke oder ein passendes Fundstück ergibt. Auf diese Weise beschäftigt sich mein Gehirn unmerklich und quasi im Hintergrund bereits seit einigen Tagen mit der Materie, bevor ich mich hinsetze und konkret texte.

Viel Wandfläche ist für mich essenziell. Ist ein Projekt abgeschlossen, fotografiere ich die Formationen an der Wand und lege die Fotos als jpeg in den Projektordner auf meinem Rechner ab. Dann kann ich die großen »Poster« entweder entsorgen oder klein zusammenfalten und für spätere Aktionen aufbewahren. Ich hatte es auch schon einmal mit einem Whiteboard versucht, aber das darauf Gesammelte und Geschriebene lässt sich ausschließlich durch ein Foto archivieren und bietet nur Platz für ein einziges Projekt. Flipcharts eignen sich hervorragend für Seminare und Vorträge, sind jedoch für mein wildes Assoziieren zu klein.

Wichtig ist, dass jeder die Methode findet, die am besten zu ihm passt. Und wer sagt, dass diese nicht unkonventionell sein darf? Eine Freundin aus der Kreativbranche nimmt sich für jedes neue Projekt ein Schulheft und kritzelt unzählige Mindmaps auf die Doppelseiten. Von einem Texter-Kollegen weiß ich, dass er ausschließlich beim Fahrradfahren seine Projekte ordentlich strukturieren kann – ich wünsche ihm, dass sich die auf dem Rad zu bewältigende Distanz zwischen seiner Wohnung im Süden Berlins und seinem Büro in Berlin-Charlottenburg nicht verändern möge. Es gibt Menschen, denen liegt es, alle Gedanken digital festzuhalten. Es gibt mittlerweile unzählige, gut gemachte Programme zum Thema Brainstorming, Mindmapping, digitale Karteikarten- und Ablagesysteme. Ich unternehme immer mal wieder den Versuch, mit solchen Programmen zu arbeiten, denn da ich häufig für den Online-Bereich texte, muss ich zusehen, dass ich mich regelmäßig in der digitalen Welt bewege und up to date bin. Ich habe noch keine Software gefunden, die meine großen Wandbilder ersetzen könnte. Und: Es *muss* ja auch nicht sein. Eine befreundete Journalistin schreibt ihre besten Gedanken nachts um eins auf Schnipsel, die eigentlich in den Papierkorb gehören: Sie skribbelt auf aufgerissene Briefumschläge, auf die Rückseiten von Prospekten, auf Servietten, auf zerknittertes, fehlbedrucktes Druckerpapier. Wie sie das Zeug anschließend ablegt, hat sie mir allerdings nicht verraten. Sie steht mit dieser Methode ganz gewiss nicht alleine da. In den Fünfzigerjahren beschrieb der berühmte französisch-amerikanische Designer Raymond Loewy in seinem auch heute noch verblüffend aktuellen Buch »Hässlichkeit verkauft sich schlecht«, wie er gebeten wurde, mit seinen Entwürfen zu Form- und Marketingkonzepten eine Ausstellung zu bestücken. Die Initiatoren der Ausstellung rückten von ihrem Vorhaben wieder ab, als sie sahen, was Loewy und seine Mitarbeiter mitbrachten: keine großformatigen Entwurfszeichnungen, keine sorgsam entwickelten Mindmaps, sondern Packpapierfetzen, alte Postumschläge, herausgerissene Mathe-Schulheftseiten, alle beschrieben mit unleserlichen Sätzen, hastigen Zeichnungen, einem Wirrwarr an Pfeilen und Anmerkungen. Für mich sind diese Stücke unverwechselbarer Ausdruck von Kreativität und der Fähigkeit, quer zu denken.

Ordnung ist also ein relativer Begriff und liegt im Auge des Betrachters. Wie sehr wird sich Jonas freuen, diesen Satz zu lesen, denn oft genug war ich vom Anblick seines kleinen Zimmers verzweifelt. Es sah eher aus wie ein Handgranaten-Übungswurfstand als wie das Zimmer eines angehenden Abiturienten. Ich löste das Problem, indem wir vereinbarten, dass er die Zimmertür geschlossen zu halten hatte und sich dort drinnen nichts bewegen durfte – das heißt, er sollte keine Lebensmittel über mehrere Tage oder Wochen im Zimmer horten. Dieser KGN (kleinste gemeinsame Nenner) ist uns oft gelungen. Ich sage nur: Toleranz, ich kann's.

Um den Familienfrieden mit fünf Menschen zu wahren, die allesamt so unterschiedliche Bedürfnisse haben, ist die Wahl des KGN ein sehr gutes Mittel. Ein Beispiel: Ich war für die Wäsche zuständig und ärgerte mich jedes Mal über Pullover und Socken, auch Jeans, die völlig verkrumpelt in den Wäschekorb geschmissen wurden. Ich hatte keine Lust, die Sachen auseinanderzudröseln, nur weil einige meiner Kinder zu faul waren, die Kleidungsstücke vollständig auf links oder rechts zu ziehen. Also wusch ich sie erst gar nicht. Im Familienrat fanden wir dann den KGN: Wer wollte, sollte die Kleidung nach wie vor verkrumpelt in die Wäsche geben, sie sollte dann von mir gewaschen werden, jedoch ohne dass ich die gewählte Formgebung zu verändern brauchte. Und ich sollte die Kleidungsstücke auch zum Trocknen aufhängen, genauso verdreht, wie sie in die Wäsche gelangt waren. Dann trockneten sie zwar langsamer, aber das war nicht mehr mein Problem.

Es fruchtete. Ich war nicht mehr wütend, und zwei der Kinder (ich sag jetzt nicht, wer) konnten ihr Zeug so verdreht, wie sie wollten, in den Korb werfen. Da können die ganz korrekten Hausfrauen und -männer natürlich kommen und sagen, Moooment, dann wird die Wäsche ja gar nicht so sauber. Na und? Dann wird sie halt nicht so sauber, wo ist das Problem? Dass ich mit Perfektionismus im Haushalt nicht weiterkommen würde, hatte ich als Alleinerziehende von vier Kindern und als Selbständige in der Tat als Allererstes begriffen. Hier (und nicht nur hier) war immer Flexibilität gefragt. Eine Tugend, die nicht nur jedem Haushalt gut steht, sondern auch jedem Unternehmen. (Nach einiger Zeit bemerkte ich, wie bestimmte Jeans, von deren trockenem Zustand man offenbar am nächsten Schultag abhängig war, zunehmend ordentlicher in die Wäsche gelangten …)

Beweglichkeit war immer und überall angesagt. Ich hatte mich zu einer begehrten, nicht gerade preiswerten Veranstaltung in der Hauptstadt angemeldet, die den Teilnehmern einen Rundumblick über die Neuen Medien, Schwerpunkt Social Media, versprach. Das Tutorial sollte von 8 bis 18 Uhr gehen, ich rechnete noch zwei Stunden für die Hin- und Rückfahrt hinzu. Die Kinder wusste ich in der Ganztagsschule bis 16 Uhr gut betreut, das hieß, dass sie von circa 16.30 bis 19.00 Uhr allein sein würden, eine Zeitspanne, die kurz genug ist, so dass es bei meiner Rückkehr hoffentlich nur ein wenig unordentlich aussehen würde.

Am Vorabend des Veranstaltungstages bestückte ich meine Aktentasche mit einem Satz Visitenkarten.

»Mama, bist du denn mittags da?«

»Wieso mittags? Ich bin auf der Konferenz.«

»Wir haben doch alle morgen schulfrei. Ich dachte, du bist da und wir essen Mittag zusammen.«

»Ich habe schon letzte Woche erzählt, dass ich den ganzen Tag weg bin. Guckt ihr denn gar nicht mehr in den Küchenkalender?«

»Mama, *du* guckst wohl nicht in den Küchenkalender! Da steht drin, dass wir morgen keine Schule haben.«

»Alle?«

»Alle.«

Damit kam meine ganze Planung durcheinander. Ich wollte morgens um sieben das Haus verlassen, und jetzt sollten alle vier Kinder zwölf Stunden allein in der Wohnung sein? Es war zwar kein Drama, jedoch unterschätzt man die Kraft eines geordneten Tagesablaufes, wie es Schulkinder gewohnt sind. Jetzt musste ich flexibel reagieren – als Erstes musste eine Struktur für den nächsten Tag her. Das Einfachste wäre natürlich gewesen, den Kindern unbegrenzten Fernseh-, DVD- und Computerspielkonsum zu erlauben. Aber selbst wenn ich zu dieser bequemen Lösung gegriffen hätte, hätte ich mich am Abend mit schlecht gelaunten, müden, unzugänglichen Kindern herumplagen müssen, ich kannte das schon.

»Blöd gelaufen. Ihr seid den ganzen Tag alleine.«

»Macht nichts, Mama, da laufen ganz gute Sendungen im Fernse–«

»Nix da. Also, ich mache Frühstück und stelle euch alles hin. Ihr könnt ausschlafen. Wer räumt dann das Frühstück weg? Es gibt noch mehr Aufgaben, keine Bange.«

»Was denn so?«, erkundigte sich Till zögerlich.

»Aus dem Kochbuch ein Gericht aussuchen, Zutaten aufschreiben, einkaufen gehen, Essen kochen, Tisch decken,
abräumen, dann für mich bei der Post vorbei, neue Brief-
marken kaufen, Friedas Schuhe müssen zum Schuster, und
Jonas, war nicht dein Rücklicht kaputt? Was noch?«

»Halt, ich mache eine Liste«, rief Frieda und fing an zu
schreiben.

Am Ende sollte sich jeder drei Mal in der Liste eintragen,
insgesamt waren es zwölf Aufgaben, es kam genau hin.

»Das ist ja schlimmer als Schule«, maulte Jonas.

»Nee, du darfst ja ausschlafen«, meinte Millie und klet-
terte schon auf einen Stuhl, um an die Kochbücher zu
kommen.

»Es gibt gefüllte Paprikaschoten«, verkündete sie nach
einer Weile zufrieden. »Till, hast du was zu schreiben, ich
diktier dir jetzt deine Einkaufsliste. Ich brauche …«

»Schon gut, Manno, nicht so schnell«, unterbrach Till
sie und organisierte sich mit gequälter Miene Zettel und
Stift.

Ich zog mich zurück und legte meine Sachen für den
nächsten Tag heraus. Ich konnte hören, wie die vier in der
Küche damit anfingen, die Aufgaben untereinander zu ver-
schachern.

»Wenn ich einkaufen gehe und dir Gummibärchen mit-
bringe, von meinem Geld natürlich, räumst du dann für
mich die Spülmaschine aus?«

»Ich repariere dein Rücklicht, wenn du dafür die Schuhe
wegbringst.«

»Millie, aber nicht so viele Zwiebeln an das Hackfleisch
machen.«

»Schnauze. Ich bin hier der Koch, nicht du.«

Ich wusste: Ich konnte beruhigt zur ganztägigen Konferenz gehen. Nicht nur ich war flexibel, auch die Kinder waren es. Man muss sie nur lassen.

Während der Konferenz klingelte mein Handy.

»Können Mark und Natalie bei uns mitessen?«

»Tja, ich weiß n–«

»Die haben doch auch schulfrei, die hängen sonst zu Hause rum und zocken, und du hast gesagt, dass das für Kinder und Jugendliche gar nicht gut ist.«

Sehr überzeugende Argumentation. Woher hatten sie das bloß? Der Referent sprach gerade über crossmediale Herangehensweisen, und in meinem Kopf formte sich ein Bild von sechs Kindern, die nach Gutdünken in meiner Küche herumwurschtelten. Lass sie, sagte ich zu mir selbst.

Als ich nach Hause kam, zu später Stunde, denn die Regionalbahn war ausgefallen, war alles ganz ruhig in der Wohnung. Im Flur lag ein Zettel.

Tut uns leid, eine Schüssel ist kaputt gegangen. Ist Leander passiert (der ist dann mit seinem Kumpel Florian auch noch dazugekommen), aber ansonsten müsste alles okay sein.

Von wegen sechs. Es waren insgesamt acht Kinder gewesen. Die Küche sah übrigens völlig in Ordnung aus.

Nicht immer lief alles so glatt. Mein großzügiges Motto »Leben und leben lassen« kam mir manches Mal abhanden. Es gab Phasen, wo ich so wütend war, dass ich mehrere Zettel mit dickem Edding beschriftete. *Streik* schrieb ich darauf und legte in jede Gruselecke in der Küche einen dieser Zettel. Ich machte weder Frühstück noch irgendein anderes Essen für die Kinder. Ich holte mir mein eigenes Sushi und aß es vor den Augen meiner verfressenen, ungehorsamen Meute. Ich tat keinen Handschlag mehr in der Küche und ließ alles zwei Tage lang so stehen.

Abends kam ich spät von einem Termin nach Hause, und auf der geschlossenen Küchentür klebte ein Zettel.

»Wir scheißen auf eine ordentliche Küche!«

Unterschrieben hatten Jonas, Frieda, Till und Millie. Darunter vier Totenköpfe. Na toll.

Ich zog die Küchentür auf – und sah die Küche in einem Zustand, wie sie am Tag vor unserem Einzug gewesen war: blitzblank, aufgeräumt, glänzende Armaturen, nicht ein Stäubchen. Aufgeräumte Schränke, geputzter Kühlschrank. Ich lachte laut und goss mir ein Glas Weißwein ein. Die *Streik*-Zettel habe ich seitdem nie wieder gebraucht.

Was ist schon sicher?

Oder wie es sich mit dem Risiko
leben lässt.

Da sind Ängste, die jeden Unternehmer ab und an befallen oder, fast noch schlimmer, die immer im Hintergrund mitschwingen. Es nützt nichts, vor diesen Sorgen die Augen zu verschließen. Besser, man kennt sie genau und versucht, mit ihnen ein erträgliches Auskommen zu finden.

Was ist zum Beispiel, wenn ich mal richtig schwer krank werde? Der kratzende Hals im Herbst, der schmerzende Rücken nach den vielen Stunden Wochenend-Mehrarbeit, die Kopfschmerzen vor dem Pitch, die Erkältung kurz vor Weihnachten – das alles gilt nicht. Das verdient unter uns Selbständigen nicht die Bezeichnung »krank«. Solange man sich noch irgendwie zum Schreibtisch schleppen kann, ist man gesund. Ich ertappe mich beim neidvollen Seitenblick auf die Bekannte, sie ist topfit, hat aber eine vom Schnupfen geschwollene Nase. Sie lässt sich erst einmal vier Tage krankschreiben, denn »mit so einem fetten Schnupfen kann ich mich überhaupt nicht konzentrieren«. – Aha. Aber wir Selbständigen können das?!

Was passiert, wenn es uns einmal richtig erwischen sollte? Wer springt dann ein? Woher kommt dann das Geld? Wie schnell ist der Notgroschen aufgebraucht?

»Sie brauchen immer mindestens zwei Netto-Monatseinkommen als eiserne Reserve auf einem Konto, auf das Sie am besten nie zugreifen.«

So sagte ein alter Hase zu mir, der seit Jahren erfolgreich Existenzgründer berät. Auch wenn das Sofa noch so schön und das Angebot noch so verlockend ist. Auch wenn der Urlaub in Spanien etwas mehr kostet als eingeplant. Auch wenn man der Großen zu gerne einen Obolus für den Führerschein gönnen würde. Nein, an die eiserne Reserve darf man nicht ran.

Dabei habe ich »nur« ein Kopfarbeit-Business. Was ist mit denen, die investieren müssen, die Waren einkaufen müssen, und das täglich? Für die der Cashflow eine viel größere Rolle spielt als in meiner überschaubaren Agentur?

Es dauerte fast ein ganzes Jahr, bis ich die vom Gründungsberater empfohlene Summe von zwei sehr bescheidenen Monatseinkünften beiseitelegen konnte. Innerhalb meines ersten Jahres in der Selbständigkeit musste ich zwei Mal an die Reserve, weil mein Business ein regelmäßiges Einkommen noch nicht hergab. Mittlerweile, im sechsten Geschäftsjahr, könnte ich ein halbes Jahr Ausfall überbrücken. Natürlich könnten wir davon keine großen Sprünge machen, aber es ist sehr, sehr beruhigend zu wissen, dass es zur Not für einige Monate ginge.

Aber was käme danach? Wir Selbständigen schieben diese Frage gerne von uns weg – vielleicht hat der ein oder andere noch den mahnenden Vortrag vom Versicherungsfachmann im Ohr, Zusatzversicherung, Absicherung im Alter, Berufsunfähigkeit und so weiter. Wir Gründer wollen doch unsere ganze Energie in den Aufbau des Unternehmens stecken und uns nicht mit kraftraubenden Was-wäre-wenn-Fragen quälen.

Es muss ja auch nicht sofort sein. Ich finde es günstig, die anfängliche Energie zu nutzen und sie bedingungslos in die Existenzgründungsphase zu investieren. Kommen dann die Monate, in denen weniger los ist – und sie kommen garantiert –, ist es an der Zeit, sich mit den unangenehmen Fragen auseinanderzusetzen.

Ich schaute mir für den in meinen Augen völlig unmöglichen Fall, dass ich richtig krank werden würde, Krankentagegeld-Versicherungen an. Schnell stellte ich fest: Diese Lösung war schlicht unbezahlbar. Wenn ich mit machbaren, bescheidenen Beiträgen operieren würde, bedeutete dies später im Krankheitsfall ein so mickriges Tagesgeld, dass ich es auch gleich bleiben lassen konnte.

Eine Versicherung im Falle der Berufsunfähigkeit? Das erschien mir vernünftig. Die Bedingungen waren allerdings auch ernüchternd: Da ich Kopfarbeiterin bin, würde ich selbst mit Ganzkörperlähmung noch als bedingt arbeitsfähig gelten, denn schließlich gibt es gute Spracheingabesysteme für Computer. Ich könnte also weiter texten. Allzu prickelnd fand ich diese Vorstellung nicht, schloss jedoch eine Berufsunfähigkeitsversicherung bei einem Branchen-Versorgungswerk ab, allein schon, um auf die besorgten Fragen meiner Mutter eine Antwort parat zu haben.

Dann nahm ich meinen aktuellen Rentenbescheid unter die Lupe. Die prognostizierte Rente zum Renteneintrittsalter war völlig ernüchternd. Damit würde ich mich sofort in die Reihe der klassischen Fälle von Altersarmut einreihen können. Mit vier Kindern kommen einige Erziehungszeiten zusammen, die zwar mittlerweile teilweise rententechnisch angerechnet werden, aber eben nicht zu vergleichen sind mit einer durchgehenden Berufstätigkeit oder gar einer steilen Karriere. Die typische Frauenfalle eben. Vielen Frauen aus der klassischen Versorgerehe droht Altersarmut, sie haben für die Familie ihren Job aufgegeben und werden nun vom neuen Unterhaltsrecht bestraft. Frauen haben im Alter durchschnittlich 59,6 Prozent weniger Rente zur Verfügung als Männer. Wir brauchen dringend einen Mentalitätswandel; die Kombination Frau, Beruf, Familie muss eine Selbstverständlichkeit werden. Und damit noch mehr Frauen beruflich weiterkommen können, müssen sich die Strukturen ändern, wie etwa ein fantastisches Angebot an Kinderbetreuung, und diese auf qualitativ höchstem Niveau. (Das sagt sich immer alles so leicht.)

Für mich bedeuteten die kläglichen Zahlen auf meinem Rentenbescheid: Eine zusätzliche Rentenversicherung musste her, und zwar schleunigst. Auch hier ließen sich monatlich nicht unendlich hohe Beiträge aus meinem Nettogewinn bereitstellen, so dass ich zwar eine zusätzliche Absicherung für das Alter besaß, mit dieser jedoch unter dem jetzigen Niveau würde leben müssen. Ich ergänzte meine Absicherungsmaßnahmen durch eine Vorsorgevollmacht und eine Patientenverfügung.

Am Ende meiner ganzen Recherche hatte ich trotzdem nur noch ein Achselzucken übrig. Ich fuhr eine verantwortungsbewusste Versicherungsstrategie, aber deswegen waren noch lange nicht alle existenziellen Eventualitäten abgedeckt. Wenn ich jetzt bereit war, mit dem Restrisiko zu leben, war das dann naiv? Oder hatte ich einfach Gottvertrauen? Neulich, auf einer Konfirmationsfeier, war ich für zwei geschlagene Stunden auf einer hölzernen protestantischen Kirchenbank festgenagelt. Nachteilig für meine Lendenwirbel, für meine seelische Gestimmtheit aber von Vorteil. Ich erhaschte wohltuende Worte aus einer neuen Übersetzung des Psalm 143, sie waren wie für mich gemacht: »Und wenn ich auf Umwegen in die Irre gehe und die Nacht nach mir greift, dann stärke mir Herz und Sinn.«

Wem solche Worte etwas bedeuten, hat es gut. Der Draht zu transzendentem, nicht notwendig konfessionsgebundenem Denken und Empfinden ermöglicht aus meiner Sicht eine kraftvollere Grundhaltung im Leben. Sie sorgt auch dafür, dass das Geben und Nehmen ausgewogen bleibt. Das ist das eine. Was mir außerdem noch Kraft und Gelassenheit gibt, ist das Wissen darum, dass meine Familie seit Generationen zusammenhält. Moralische Unterstützung ist mir immer gewiss, ebenso praktische Hilfe durch meine Geschwister und auch durch enge Freunde. Bewiesen hatte sich das in den Jahren zuvor, als ich nach dem Scheitern meiner Ehe mit den vier Kindern alleine klarkommen musste. Diese Zeit hat mich auch gelehrt, zu relativieren. Wo es nur ums Geld geht, wirklich nur ums Geld, spreche ich nicht mehr von einer Notsituation. Von unserer jetzigen schönen Vierzimmerwohnung können wir uns auch in eine Zweizimmerwohnung knubbeln. Fleisch gibt es dann nur noch alle 14 Tage, ist sowieso gesünder. Kleidung haben wir alle genug, das hält noch ein paar Jahre. Wozu also die ganze Aufregung, wenn es doch nur ums Geld geht?

Anders sähe es bei schweren Erkrankungen aus. Als Mutter schaue ich sofort auf meine Kinder, was wird aus ihnen, wie werden sie zurechtkommen, wenn ich das große Familienschiff nicht mehr steuern kann? Aber auch hier verlasse ich mich auf die Kraft der Familie. Denn auch ich bin bedingungslos für meine Geschwister und ihre Kinder da.

Machen Sie sich immer bewusst, was bei Ihnen auf der Haben-Seite steht. Das wirkt langfristig wie ein Schutzpanzer, der viel Unbill des Lebens von Ihnen abhalten kann. Ich führe mir mehrmals in der Woche vor Augen, wie gut ich es als Selbständige habe. Ich habe das Privileg, meine Zeit einteilen zu können, wie es zu meinem Familienleben passt. Ich kann sogar meist meinem eigenen Biorhythmus folgen und mich schlafen legen, wenn ich mich einmal richtig gerädert fühle. Ich kann mein unmittelbares Arbeitsumfeld frei gestalten und dafür sorgen, dass ich mich in meinem Büro wohl fühle. Wenn ich Ruhe brauche zum Texten, kann ich mir Ruhe verschaffen. Ich bin niemandem gegenüber Rechenschaft schuldig. Ich brauche (meist) keine Kompromisse zu machen, was die Herangehensweise an Projekte angeht. Ich kann die meisten Entscheidungen ganz alleine fällen, muss aber auch alleine die Konsequenzen tragen.

Je mehr Eigenständigkeit Sie haben möchten, desto mehr Mut zum Risiko brauchen Sie. Und Sie müssen die Bereitschaft mitbringen, die Folgen zu tragen. Mangelnde Selbsteinschätzung führt zu Leichtsinn – aber die Gefahr ist gering, wenn Sie ein reflektierter Mensch sind.

Mehr als fünf Jahre gibt es jetzt die Agentur Text: van Laak. Was ist das schon? Ein Wimpernschlag, verglichen mit anderen Unternehmenshistorien. Aber: Mich gibt es immer noch, ich stehe immer noch auf eigenen Beinen, und das ist stets ein Grund zum Feiern, finde ich.

Mittlerweile weiß ich, dass es normal ist, mich als Unternehmerin immer wieder mit existenziellen Fragen zu beschäftigen, sie immer wieder zu wälzen, sie wieder ad acta zu legen, um sie in einer neuen Situation wieder hervorzuholen. Das Leben ist eben nicht planbar und steckt voller

Überraschungen. Das gilt erst recht, wenn man selbständig ist. Und noch viel mehr, wenn man Kinder hat. Beides zusammen ergibt dann manchmal eine Gratwanderung, die eher einem artistischen Drahtseilakt ähnelt. Dennoch: Eine schöne, eine lebendige, eine intensive Wanderung ist das. Ich möchte es gar nicht anderes haben.

Willst du das Schreibbüro
in zehn Jahren immer noch führen?

Oder warum Veränderung
so viel Spaß macht.

Fast hätte ich meiner betagten Tante Mechthild die Bezeichnung Schreibbüro übelgenommen. Aber wie sie so dasaß, elegant gekleidet, das weiße Haar zu einem lässigen Knoten geschlungen, ihr zierlicher Körper versunken im übertrieben großen Loungesessel der Hotellobby, sah ich ihr das Schreibbüro, wie sie meine schicke kleine Agentur nannte, sofort wieder nach.

Wir waren auf einem der seltenen Familientreffen zusammengekommen, soeben hatten wir ein langes Menü und viele Reden hinter uns gebracht, und die alte Dame genehmigte sich ein gekühltes Glas Sancerre.

Tante Mechthild hatte als junges Mädchen zuerst eine Ausbildung zur Gymnastiklehrerin gemacht, und weil sie die abschätzige Behandlung durch ihre Lehrerkollegen am Gymnasium nicht länger ertragen wollte, machte sie sich als Autodidaktin mit einem kleinen Kosmetikstudio selbständig. Da war sie 21 Jahre alt. Die Eltern waren zunächst nicht davon begeistert, aber Mechthild biss sich durch, ließ sich weiter ausbilden, und schon drei Jahre später eröffnete sie im mondänen Frankfurter Westend einen feudalen Schönheitssalon. Das reichte ihr jedoch nicht. Als engagierte Kämpferin für die fundierte Berufsausbildung von Mädchen und Frauen gründete sie eine staatlich anerkannte Kosmetikfachschule, die noch heute in demselben herrschaftlichen Gründerzeithaus als Berufsfachschule für Kosmetik geführt wird.

Mitte der Sechzigerjahre vermählte sich die erfolgreiche Unternehmerin mit einem Frankfurter Arzt und lud Eltern, Geschwister und Freunde nach Frankfurt ein. Aber die Eltern fehlten auf der glanzvollen Hochzeit, die in den prächtigen Räumen der angesehenen Berufsfachschule begangen wurde. Der Chef der katholischen Sippe war trotzig daheimgeblieben, denn er war nicht damit einverstanden, dass Mechthild einen geschiedenen Mann heiratete. Als strenger Patriarch verbot er es auch seiner Ehefrau, zu den Feierlichkeiten nach Hessen zu reisen. Die beiden verpassten einiges.

Denn eine illustre Gästeschar lustwandelte durch die erlesenen Unterrichtsräume der Kosmetikschule. Von den Stuckdecken baumelten kostspielige Lüster, die mehrfach reflektiert in den barock gerahmten Spiegeln weiterfunkelten. In kurzer Zeit hatte Mechthild es geschafft, einen einzigartigen Ort in Frankfurt zu etablieren: Sie bot eine exklusive Atmosphäre, gepaart mit professioneller Wissensvermittlung. Die Frankfurter und die Branchenkollegen waren von der jungen Unternehmerin, die sich zudem auch durch ihre beständige Verbandsarbeit einen Namen gemacht hatte, begeistert. Mechthilds Geschwister fuhren inspiriert und zugleich kleinlaut in die westfälische Heimat zum verstockten Vater zurück.

Einer der herrlichen Kronleuchter hängt jetzt bei meiner Mutter in der Wohnung. Ihre Schwester Mechthild war

38 Jahre alt, als sie von ihrer unheilbaren Krankheit erfuhr. Mechthild als alte Dame ist übrigens meine Erfindung, in Wirklichkeit starb sie schon vor über 30 Jahren in der Blütezeit ihres Unternehmens – und ihrer Schönheit.

Ich stelle mir vor, dass Mechthild mir diese Fragen stellt: Was willst du in zehn Jahren machen? Wo stehst du dann? Das Leben ist endlich, mein kleiner Schatz. Weißt du, ob du nächstes Jahr noch gesund bist?

Diese Fragen empfinde ich nicht als Drohung, als dräue am Horizont Unbill, nein, diese Fragen sind ein wichtiges Korrektiv. Der Blick nach vorn lohnt. Das hat – unternehmerisch gesehen – auch mit Innovationsbereitschaft zu tun. Auch mit dem Grad der Aufmerksamkeit, mit der ich den Markt, die Gesellschaft, mein eigenes Familienleben beobachte. Vielleicht muss ich meine Dienstleistung demnächst mit einem anderen Schwerpunkt anbieten? In zehn Jahren sind längst alle Kinder aus dem Haus – was für neue Möglichkeiten ergeben sich dann für die Agentur, für meine Arbeitsweise? Mit zunehmender Neugier nehme ich um mich herum andere Selbständige wahr, alle um die Mitte vierzig, Anfang fünfzig, die noch einmal einen beruflichen Wandel durchlaufen. Da sind zum Beispiel Angelika und Richard mit ihrem alten Hof auf dem Land. Ein anderer Kollege hat die gemeinsame Grafikagentur mit seinem Kompagnon aufgelöst und sich als Spezialist für Graphic Recording selbständig gemacht. Da ist meine Bekannte, die bisher als Freelancer gut bezahlte Sprachkurse gegeben hat, nach acht Jahren umsattelte und sich nun einen Namen im Coaching von zerstrittenen Arbeitsteams gemacht hat. Da ist der Manager eines Telefonie-Dienstleisters, Anfang fünfzig, der nicht länger in der Vorstandsmühle rackern wollte und jetzt als Troubleshooter im Auftrag eines Beratungsunternehmens unterwegs ist. All diese Menschen haben eines gemeinsam: Sie haben innegehalten, sich in ihre Zukunft hineinfantasiert – und haben die Initiative ergriffen. Wie hat es Churchill angeblich formuliert? »Wer sich auf seinen Lorbeeren ausruht, trägt sie an der falschen Stelle.«

Es ist produktiv und ganz und gar nicht weltfern, ab und zu Szenarien für die eigene Arbeitszukunft zu entwerfen. So visualisiere ich zum Beispiel, wie ich (ähnlich wie dies in Harvard beim »Design Thinking for Creativity and Business Innovation« und am Hasso-Plattner-Institut in Potsdam bereits erfolgreich praktiziert wird) mit anderen aufgeweckten Geistern auf einem anderen Kontinent in einem interdisziplinären Think-Tank sitze und an handfesten Lösungen für drängende Fragen unserer Zeit arbeite. Aus irgendeinem Grund bin ich gebeten worden, die Gruppe der Quer- und Zukunftsdenker mit meiner Gegenwart zu bereichern. Wenn ich mir dies in meiner Fantasie ausmale, lobe ich mich dadurch selbst – richtig gemacht. Denn wer lobt Sie sonst als Selbständige, wenn Sie sich nicht selbst loben?

Ein anderes Szenario ist in der Natur angesiedelt. Eine Großstadt ist in der Nähe, ein Häuschen, groß genug, um Kinder und Enkelkinder empfangen zu können, klein genug, um mich darin wohl zu fühlen – denn ich werde viel am Schreibtisch sitzen und an meinen Manuskripten arbeiten. Wenn ich nicht gerade im Backhaus bin, das in meinem Gemüse- und Obstgarten steht und in dem ich köstliches Landbrot backe, für das ich im Umkreis von mehreren Kilometern bekannt bin. Diese Vorstellung ruft angenehme Gefühle in mir hervor. Dann denke ich weiter: Ich könnte ja auch eine schicke Banderole um das Brot machen, eine eigene Öko-Produktlinie entwickeln, selbstverständlich auch mit glutenfreien und allergenarmen Sorten, dazu könnten auch gut die alten Obstsorten in den Einmachgläser-Klassikern passen. Dazu würde ich die erfahrenen Landfrauen miteinbeziehen, deren üppige Hausgärten vor ungespritztem Obst nur so strotzen und die noch wissen, wie man Obst und Gemüse nachhaltig und ökologisch korrekt verarbeitet. Den Vertriebsweg könnte ich über die Luxus-Landhotels eröffnen, von denen zahlreiche in der Gegend angesiedelt sind und die von natursehnsüchtigen Großstädtern besucht werden. Und wenn die Leute kommen, um direkt aus meinem Backhaus das noch warme Brot direkt aus der Asche zu kaufen, könnte ich ja auch gleich eine kleine Gartenwirtschaft ... Klingt schon wieder nach ganz schön viel Arbeit. Manchen Selbständigen ist eben nicht zu helfen.

Ich werde Tante Mechthild einen kleinen Platz frei halten, unter einer schattigen Linde, wo sie einen guten Blick hat auf die vielen Besucher, wo sie den Kopf bedächtig wiegen kann über das große Entwicklungspotenzial, was Kosmetikdienstleistung hier bei mir auf dem Lande angeht. Sie könnte für mich die Produktlinie »Country-Beauty« konzipieren. Meine Töchter mit ihrer Pfirsichhaut wären die besten Markenbotschafter. Meine Söhne machten die Gastwirtschaft zu einem beliebten Treffpunkt von jungen Leuten, die sich dem »Back to the roots«-Leben auf dem Lande verbundener fühlen als dem angesagten Metropolen-Hype. Ich backte am 11. November Stutenkerle und erzählte den Ungläubigen in meinem Umfeld die Geschichte von Sankt Martin. Tante Mechthild säße dabei und würde die Welt mit wissendem Herzen ordnen. Ich hätte unter meinen zwanzig Brotsorten einen Verkaufsschlager. Und der hieße »Mechthilds märkisches Landbrot«.

Veränderung kann so viel Spaß machen.

Dieses Buch zeigt einen Ausschnitt aus meinem Leben. Alles basiert auf wahren Begebenheiten. Nichts jedoch hat sich genau so zugetragen, und auch die Personen existieren nicht in der Form, in der sie hier dargestellt sind. Alle Namen von Personen sind geändert.

Ich habe mich oft geärgert über die Fehler, die ich gemacht habe. Aber viel öfter habe ich mich gefreut: über das viele, das ich daraus lernen konnte.

Petra van Laak

1 FRAU,
4 KINDER,
0 EURO (FAST)

Wie ich es trotzdem
geschafft habe

Würden Sie einen Telefonjob im Drücker-Milieu annehmen, um Ihre vier Kinder durchzubringen? Fänden Sie es lustig, im Garten zu zelten, um den Kleinen Urlaub vorzugaukeln? Was wäre wichtiger: Ihr Cello oder Winterjacken für die Kinder? – Eben noch Managergattin mit Villa am See – und im nächsten Moment bricht für Petra van Laak die Existenz zusammen. Nach Firmeninsolvenz und Trennung von ihrem Mann muss sie sich mit vier kleinen Kindern alleine durchschlagen. Mit Schlagfertigkeit und einem großen Sinn für Komik meistert Petra van Laak abenteuerliche Jobangebote, die hürdenreiche Wohnungssuche und absurde Begegnungen in Behörden.

»Die unglaubliche Erfolgsgeschichte einer Frau, die über sich selbst hinauswuchs.« Bonner Express

DROEMER

Heinrich Steinfest

DAS HIMMLISCHE KIND

Roman

Zwei kleine Halbwaisen, durchnässt und verfroren, auf der Suche nach Rettung: In einem winterlichen Wald finden sie eine verlassene Hütte. Ohne Essen und trockene Kleidung wird der fünfjährige Elias sterbenskrank. Seine große Schwester weiß mit überirdischer Klarheit, was zu tun ist. Sie erzählt ihm eine Geschichte, die ihn am Leben hält.
Der Kampf eines eigenwilligen kleinen Mädchens um seinen todkranken Bruder: ein Wunder zwischen Himmel und Erde.

»Steinfest unterhält nicht nur, er öffnet einem buchstäblich die Augen für – ein großes Wort – die Vielfalt der Schöpfung.« Denis Scheck

DROEMER